El reino ignorado

David G. Jara

El reino ignorado

Una sorprendente visión del maravilloso mundo de las plantas

Ariel

1.ª edición: junio de 2018
2ª impresión: abril de 2022

Derechos exclusivos de edición en español:
© 2018 y 2022: Editorial Planeta, S. A.
Avda. Diagonal, 662-664 - 08034 Barcelona
Editorial Ariel es un sello editorial de Planeta, S. A.
www.ariel.es

ISBN 978-84-344-2783-9
Depósito legal: B. 7.994 - 2018

Impreso en España

El papel utilizado para la impresión de este libro
es cien por cien libre de cloro y está calificado como papel ecológico.

A mis profesores y a mis alumnos,
que tanto me han enseñado

Yo no comprendo que se pueda pasar al lado de un árbol sin sentirse feliz mirándolo.

Príncipe Myshkin
en *El idiota*, de F. Dostoyevski

Índice

Prólogo

> «¿Sabías que B. se ha convertido en un vegetal?», decía uno. «Por supuesto, estoy al corriente. Un vegetal, en efecto, un vegetal». La palabra «vegetal» debía de resultar agradable al paladar de esos augures, pues había reaparecido varias veces entre dos bocados de tostada con queso fundido. En cuanto al tono, se sobrentendía que solo un necio podía ignorar que en lo sucesivo yo tendría más que ver con el comercio de verduras tempranas que con la compañía de los hombres.

El anterior fragmento corresponde a un párrafo del libro escrito por el periodista francés Jean-Dominique Bauby, que en nuestro país apareció en los estantes de las librerías bajo el nombre de *La escafandra y la mariposa*. Bauby ejercía como editor jefe de la famosa revista de moda y belleza *Elle* cuando sufrió un derrame en el tronco cerebral que lo dejó en coma durante varias semanas. Al despertar del forzado letargo, se encontró atrapado dentro de un cuerpo inmóvil, incapaz de hablar y de moverse; tan solo el ligero parpadeo de su ojo izquierdo denotaba que dentro de aquella estática carcasa de carne y hueso aún habitaba un ser consciente. Bauby padecía el denominado «síndrome de enclaustramiento» y a pesar de la incapacidad para mover un solo músculo (a excepción del párpado izquierdo), todas sus funciones cognitivas se encontraban intactas. Cualquiera que hubiera visto a Bauby en aquellas condiciones habría pensado, como los augures de su libro, que aquel era un ser inerte carente de toda capacidad para interaccionar con el exterior, tan similar a un vegetal que solo la ausencia del verde de la clorofila y el pelo —cada vez más escaso— que le cubría parcialmente el cráneo permitían diferenciarlo de las mismas plantas con las que las visitas habían decorado la habitación.

Sin embargo, tal percepción habría sido totalmente errónea, radicalmente desacertada, porque, bajo aquella escafandra en la que se había convertido lo que poco tiempo antes era un cuerpo sensible que temblaba con el frío y se estremecía con cada caricia, batallaba la mariposa de la conciencia de un ser racional, aleteando angustiada entre miedos, recuerdos, deseos e incertidumbres, y con la imperiosa y humana necesidad de mostrarse al exterior. Tan intensa era la llama de vida que ardía dentro del inmóvil cuerpo de Bauby que, a pesar de todas las limitaciones, haciendo uso del sutil parpadeo de su ojo siniestro y de las letras que pacientemente le mostraba su ayudante, consiguió reflejar en las páginas de un libro la enorme cantidad de sentimientos e ideas que borbollaban incesantemente en su conciencia durante tan brutal episodio de su vida.

Pero el error de considerar a Bauby un ser inerte se acrecienta aún más al querer compararlo con un vegetal; pues, aunque algunos vean a las plantas como simples materiales pasivos e insensibles que ornamentan parques y jardines (como si de fuentes o frías estatuas de mármol se tratara), lo cierto es que el mundo vegetal no puede ser más complejo, dinámico y sensitivo. Las plantas están continuamente interaccionando con un entorno cambiante, poseen una gigantesca cantidad y diversidad de comportamientos, y han desarrollado las más sorprendentes adaptaciones, que les han permitido colonizar todos los ecosistemas de este planeta.

En realidad, utilizar la palabra «vegetal» como sinónimo de «inerte» o «pasivo» constituye un error muy generalizado en nuestra sociedad, pero no es sino el reflejo en el lenguaje de la creciente desvinculación del ser humano con la naturaleza. Cabe señalar que el alejamiento entre uno y otra no ha sido físico (nunca hemos dependido de las plantas tanto como ahora), sino emocional: no vemos a las plantas como los increíbles organismos que en realidad son, sino como un inagotable manantial que nos suministra la materia prima con la que saciar nuestras necesidades. El absoluto desconocimiento sobre ellas —o, mejor dicho, la profunda falta de interés que muchos individuos de nuestra especie muestran hacia el extraordinario reino de las plantas— nos ha arrastrado a situar a tan complejos organismos al mismo nivel que los minerales, las rocas o los metales: en el estante de lo útil pero inerte.

Otra forma de mirar a la plantas —radicalmente opuesta a la primera, aunque igualmente equivocada— es la que atribuye a los vegetales características y cualidades que solo se encuentran en el ser humano. Sin duda podríamos discutir si la solidaridad, la empatía, la inteligencia o el sufrimiento se manifiestan de algún modo en determinados animales, pero no es el caso de las plantas (por muy hermosa que esta idea pudiera resultar), pues carecen tanto de sistema nervioso como de tales atributos. Lo cierto es que no deja de resultar curiosa la capacidad que tenemos los humanos para decantarnos entre dos posturas extremas, y, a menudo, también equivocadas. En realidad, se trata de dos tipos de ignorancia que brotan del mismo pozo de desconocimiento y que son los causantes de que el vegetal sea un reino doblemente ignorado.

El objetivo de este libro es analizar el extraordinario mundo de las plantas, valiéndose para ello de la herramienta más eficaz que conocemos a la hora de elucidar los interrogantes que constantemente retan a nuestro entendimiento y que, además, nos permite interpretar con cierto grado de fiabilidad la realidad bajo la que nos desenvolvemos: la ciencia. No os voy a engañar: este es un libro de ciencia, en el que vamos a hablar de química, de genética, de toxicología, de evolución... y, por supuesto, de plantas. Mas no se trata de un manual de botánica ni de una simple recopilación de artículos científicos dirigidos a especialistas en la materia, sino de un libro escrito para todos los públicos, en el que, desde un enfoque científico, se nos revelarán las maravillas de un mundo sorprendente e ignorado, a la vez que se nos proporcionará la capacidad para discriminar entre lo real, lo probable y lo meramente inventado. A través de las páginas de este libro iremos descubriendo el complejo universo vegetal, porque las plantas son mucho más que unos simples objetos inertes que aliñamos con aceite y vinagre o que colocamos en jarrones para decorar la habitación de un enfermo. Aunque no se emocionen con la música clásica, ni sientan dolor ni empatía, y pese a que en muchos aspectos poco tengan que ver con las experiencias y los sentimientos humanos, las plantas conforman un grupo de seres extraordinarios que observan y se comunican, capaces de recordar acontecimientos, engañar y defenderse de sus depredadores, adaptarse a las condiciones ambientales más extremas, asociarse con todo tipo de organismos, capturar animales como el más eficaz cazador y aprovecharse —como el más avezado gorrón— de sus congéneres.

El reino ignorado está formado por quince capítulos escritos para poder ser leídos de forma totalmente independiente, de modo que el lector pueda elegir el camino por el que desea acercarse al mundo de las plantas. No obstante, bajo lo que *a priori* pudiera parecer una distribución anárquica de los contenidos subyace un orden cuyo conocimiento puede resultar de ayuda para algunos lectores. Así, los cuatro primeros capítulos del libro desarrollan diferentes aspectos relativos a los mecanismos de defensa que emplean las plantas para protegerse de sus depredadores, y que muestran la enorme versatilidad y complejidad de su comportamiento. Los capítulos que van desde el quinto hasta el séptimo versan sobre los distintos mecanismos que utilizan las plantas para interaccionar con su entorno: la comunicación, la percepción de la luz y la memoria de los vegetales. Desde el capítulo octavo hasta el undécimo se presentan las múltiples estrategias que implementan los vegetales para adaptarse a las más inverosímiles condiciones de su entorno. Finalmente, los últimos cuatro capítulos del libro abordan otros aspectos de las plantas que complementan y completan los contenidos presentados en los apartados anteriores.

Un último aspecto que deseo reseñar es que, aunque en el libro se haya incluido una importante cantidad de imágenes que ayudan a comprender los conceptos e ideas que a lo largo de sus páginas han sido presentados, la gigantesca cantidad de organismos —ya sean plantas, insectos, arácnidos...— a los que se hace referencia en el texto hacen recomendable disponer de algún dispositivo que nos permita acceder a internet para, de ese modo, ser capaces de poner «cara» a muchos de estos seres que, sin duda, nos serán desconocidos.

Finalmente, deseo que la lectura de los capítulos que conforman *El reino ignorado* nos ayude a comprender que los vegetales, como todos los seres de este planeta, son organismos complejos, sorprendentes y, sobre todo, fascinantes.

Los lectores interesados en recibir información sobre cualquiera de los artículos citados en el texto a los que no tengan posibilidad de acceder, o aquellos que simplemente deseen hacerme llegar cualquier duda o comentario, pueden escribirme al correo davidgjara@hotmail.com o a @Davidgjara, a través de Twitter.

1

Dame veneno que quiero morir

Dentro de un confortable mundo disconforme que, sumido en un lamento perpetuo, ha hecho de la queja su eslogan predilecto, tengo que admitir que adoro mi trabajo. Y aunque desde fuera pudiera parecer que las razones que justifican mi amor por la docencia se llaman «julio» y «agosto», lo cierto es que todo aquello que diariamente aprendo junto a mis alumnos en el aula compensa con creces los pequeños sinsabores que invariablemente van asociados a esta profesión. En realidad, la ocupación de docente —como cualquier otra a la que dediquemos nuestra vida— presenta una multitud de aspectos positivos, pero también algunas dificultades. Probablemente la labor más complicada a la que los profesores debemos enfrentarnos no sea, como *a priori* pudiera parecer, la de tratar con una muestra abigarrada de adolescentes que hacen de la atención a la diversidad una epopeya cuasiquimérica, sino la compleja tarea de combatir contra esas insidiosas preconcepciones con las que cada uno de ellos aterriza en el aula.

Hay un aspecto esencial dentro del ámbito pedagógico que los docentes tendemos a pasar por alto con cierta frecuencia: que nuestros alumnos no son simples vasijas vacías de conocimientos que debemos llenar a base de nuestra hipotética sabiduría, sino más bien todo lo contrario, y es que se trata de individuos poseedores de multitud de experiencias y conceptos previos que no podemos ignorar si de verdad queremos incidir en su aprendizaje vital. El objetivo del docente es elucidar las creencias erróneas que posee el alumno, y a partir de ellas tratar de ayudarlo a alcanzar un conocimiento válido y verdaderamente útil y significativo.

Aun siendo conocedor de las múltiples, variadas y, sobre todo, predecibles preconcepciones que suelen manejar mis alumnos, no pude evitar sentir cierta sorpresa cuando, durante una de las clases que dedicamos a hablar sobre las drogas, la mayoría de ellos afirmaron considerar que fumar constituía un hábito nocivo, pero no así liarse un «peta» de marihuana. Y la justificación a tan sorprendente afirmación se asentaba sólidamente sobre la percepción generalizada de que el tabaco contiene multitud de productos químicos, mientras que la marihuana es… ¡natural!

La falaz asociación entre natural y beneficioso, tan falsa y común como la vinculación de lo químico con lo dañino, no la detentan en exclusiva unos chavales de quince años, sino que por desgracia se encuentra profundamente arraigada dentro de las creencias que poseen las sociedades modernas. Preconcepción tan generalizada como profundamente equivocada, ya que existen cientos, miles de sustancias químicas que, como la tetrodotoxina del pez globo o la toxina que sintetiza la bacteria *Clostridium botulinum*, son tan naturales como la leche materna, pero que en una minúscula cantidad podrían terminar en cuestión de minutos con la vida de toda una colonia de naturópatas. Lamento contradecir a los integristas de lo natural, pero en la naturaleza podemos encontrar una multitud de sustancias tóxicas. Es más: si de lo que se trata es de localizar a un grupo de organismos capaces de fabricar los más potentes venenos, tendremos que volver nuestra sorprendida mirada hacia el hermoso y aparentemente apacible, inocuo y —nuevamente— natural reino de los vegetales, al que pertenecen tanto la planta del tabaco como la de la marihuana.

Un simple vistazo a las plantas que se desarrollan a nuestro alrededor nos permitiría obtener un arsenal de armas químicas que ya quisiera para sí el más cruel grupo de terroristas. Es algo que no debería extrañarnos: los vegetales tienen muchísimos enemigos, así que, ante la imposibilidad de recurrir a la opción de salir por patas, han optado por la no menos acertada estrategia de fabricar una enorme variedad de venenos. El problema es que estamos acostumbrados a ver a los vegetales como unos seres inofensivos, y no como los ponzoñosos organismos que normalmente suelen ser. Esto se debe a que la inmensa mayoría de frutas, legumbres y verduras que diariamente consumimos han surgido de un proceso de selección artificial implementado por los humanos, durante el cual se ha ido eliminando la toxicidad natural que poseía la planta. En cambio, no os recomiendo que arriesguéis vuestra salud dando siquiera un pequeño mordisco a alguna de las plantas que decoran nuestras casas, balcones y jardines, puesto que la mayoría de ellas, junto con la singular belleza de sus flores, mantienen una letal toxicidad.

Una de esas plantas ornamentales que aúna una hermosa y atrayente fisonomía con la letalidad más refinada es la adelfa (*Nerium oleander*), la misma planta de porte arbustivo y grandes flores blancas o rosas que acostumbramos a observar separando ambos sentidos de las innumerables autopistas que cicatrizan la superficie de nuestro país. La adelfa es una planta nativa de las regiones mediterráneas poseedora de unas hojas similares, aunque más alargadas, a las del laurel; capaz de soportar estoicamente largos períodos de sequía, bruscas variaciones de temperatura y el insolente humo con el que diariamente la riegan los tubos de escape. Pero bajo tan extraordinaria belleza y pertinaz resistencia se esconde una planta dueña de una enorme variedad de sustancias químicas capaces de ocasionarnos un severo disgusto. En todas las estructuras del vegetal —pero especialmente en la raíz y en sus semillas— se acumulan una serie de compuestos que los químicos etiquetan bajo el nombre de «glucósidos cardíacos» y que, haciendo honor a su denominación, pueden dañar irreversiblemente el corazón de aquel que ose ir más allá de la simple contemplación de esta bonita planta.

Como nos enseñaron en el colegio, el latido del corazón implica la contracción y la relajación coordinada de las células cardíacas que lo conforman, mecanismo que permite el bombeo de sangre con la suficiente fuerza como para que el rojo fluido, llevando el oxígeno y los nutrientes, circule por todo el organismo. Para que se produzca la contracción del corazón, es necesario el movimiento de ciertos iones —en concreto, del catión sodio (Na^+) y del catión potasio (K^+)— entre la membrana de las células cardíacas y el medio extracelular. Este trasiego de iones entre el interior y el exterior de la célula se lleva a cabo a través de un transportador de iones situado en la membrana de las células cardíacas: la bomba de Na^+/K^+. Con un poco de imaginación podremos visualizar este transportador de iones como si fuera una especie de minúsculo túnel que atraviesa la membrana, y a través del cual entran y salen los iones en la célula. Y, del mismo modo, podremos pensar en los glucósidos de la adelfa —en uno en especial: la oleandrina— como las rocas que taponan la entrada y la salida de este microscópico pasadizo celular.

En mis frecuentes viajes entre Ávila y Madrid, aburrido y poseído por ese espíritu agorero que parece acompañarme cada vez que me pongo al volante con la hora justa para llegar a una reunión, a veces me da por pensar en el gigantesco atasco que se originaría si las rocas desprendidas de la montaña bloqueasen las entradas al túnel de Guadarrama. Pues un embotellamiento de similar significación se produce en las células del corazón cuando la bomba de Na^+/K^+ es inutilizada por los tóxicos de la adelfa. Solo que, en tal caso, no serán encolerizados conductores, sino diminutos iones de Na^+ los que comenzarán a acumularse en el interior de las células del corazón. Y las consecuencias de tan tremendo atasco tampoco serán injustos insultos emitidos contra los hados, ni interminables y desesperados bocinazos, sino arritmias, taquicardias e, incluso, un daño cardíaco irreversible.[1]

La toxicidad de la oleandrina en los humanos no está adecuadamente establecida, si bien se cree que la cantidad de esta sustancia contenida en una sola de las hojas de la adelfa bastaría para terminar con la vida de un niño pequeño. Mas lo cierto es que las intoxicaciones —accidentales o voluntarias— con las hojas, semillas o flores de la adelfa no son para nada habituales, y, cuando esto sucede, rara vez suelen conducir hasta la muerte. Más allá de algunas historias que han pasado de boca en boca —y en las que se ensalzaba el valor patriótico de aquellas mujeres españolas que «amablemente» cocinaron con adelfa para los soldados franceses que se encontraban a las órdenes de Napoleón—, la realidad es que los fríos datos parecen indicar que no es tan sencillo morir envenenado por esta planta.[2] Y es que, en cuanto a venenos se refiere, la adelfa es una simple aficionada; desde luego, nada tiene que ver con profesionales de la ponzoña como el *Conium maculatum*, un nocivo y peligroso vegetal que probablemente nos resulte algo más familiar con el nombre común de… cicuta.

Profesionales de la ponzoña

Bajo el frágil aspecto herbáceo de la cicuta —similar al de otros pacíficos, por domesticados, miembros de su familia, como el apio o el perejil— se esconde un vegetal poseedor de un tóxico mortal denominado «cicutina». Los investigadores han comprobado que un solo gramo de cicutina bastaría para terminar con la vida de 150 ratones de laboratorio.[3, 4] El veneno de la cicuta provoca la pérdida de la tonicidad del músculo, dejándolo tan flácido como el abdomen de un *hooligan* desparramado al sol en la playa; y, teniendo en cuenta que la acción muscular se muestra imprescindible para la respiración, una parálisis prolongada de los músculos respiratorios conduce irremediablemente a la muerte por asfixia del individuo. No obstante, aunque a tenor de lo expresado en anteriores líneas así pudiera parecerlo, la cicutina no ataca directamente nuestros músculos, pues se trata de una neurotoxina y, por tanto, su objetivo no es el aparato locomotor, sino el sistema nervioso.

Los músculos están implicados en la respiración, el movimiento, la deglución o en la molesta rumiación que, transgrediendo las normas impuestas, realizan algunos de mis alumnos durante las clases. Pero estas estructuras contráctiles tan solo son unos obedientes soldaditos a las órdenes del cerebro, que acatan sin rechistar los mandatos que este —y, en ciertas circunstancias, la médula espinal— determine. De modo que cuando mi brazo señala, primero, el chicle en la boca del alumno y, posteriormente, la papelera situada en un rincón del aula, es mi cerebro quien se encarga de dar la orden que, en forma de impulso nervioso, se transmite a través de los nervios efectores hasta llegar a los músculos de mi brazo. En última instancia, la comunicación entre los nervios (portadores del mandato cerebral) y los músculos (que van a realizar el movimiento) es mediada por una sustancia química: un neurotransmisor llamado «acetilcolina». Bueno, pues la cicutina es ese agente disruptor que va a impedir que el neurotransmisor liberado por los nervios efectores llegue a unirse con los receptores musculares; de este modo, los músculos no conocerán las órdenes del cerebro y se mantendrán a la espera sin realizar movimiento alguno.

La estrategia de inhibir la acción de la acetilcolina impidiendo que los músculos reciban las órdenes del sistema nervioso central es una táctica frecuentemente utilizada por los venenos de origen vegetal. Así, además de la cicuta, la atropina presente en la belladona (*Atropa belladona*) o el curare (procedente de múltiples plantas de la Amazonia y utilizado por algunas tribus indígenas para emponzoñar su flechas) actúan sobre el organismo impidiendo que el mensajero químico liberado por el nervio efector llegue a encontrarse con el músculo, de tal modo que este último, completamente ajeno a las órdenes del cerebro, no realiza acción alguna.[5]

No obstante, si por algo destacan los tóxicos de origen vegetal es por la gran variabilidad de mecanismos que emplean para llevar a cabo su venenosa acción. Así, la planta del ricino (*Ricinus communis*) protege sus llamativas semillas con una de las toxinas más potentes y letales que se conocen: la ricina, cuyo mecanismo de acción es muy diferente al implementado por la adelfa o al utilizado por la cicuta.

La ricina es una toxina con actividad citotóxica, y, por tanto, su estrategia consiste en destruir las células y los tejidos del organismo. De modo que, si la oleandrina de la adelfa «taponaba» los transportadores iónicos de las células cardíacas y la cicutina dejaba «sordos» a los músculos, la ricina directamente va a inducir el suicidio de las células en las que se introduce. Esta sustancia, que en una dosis menor a los 0,1 gramos tumbaría para siempre a una persona de 80 kilogramos, inactiva de forma irreversible los ribosomas que les son imprescindibles a las células para sintetizar sus proteínas. A una célula cuyos ribosomas hayan sido deteriorados por la acción de la ricina —y que, por tanto, no disponga de las proteínas que precisa para poder vivir— no le queda más remedio que, vencida por la toxina, ir empaquetando poco a poco cada uno de sus orgánulos, para finalmente llevar a cabo su propia destrucción mediante un mecanismo denominado «apoptosis».

En referencia a la ricina, hay un aspecto que puede haber pasado desapercibido para el lector, y es que el veneno que utiliza esta planta puede ser muy eficaz para proteger sus semillas, pero también es ideal para terminar con la existencia de la propia planta venenosa. La ricina constituye una amenaza para el vegetal que la sintetiza, inconveniente que en modo alguno surgiría si utilizase venenos como los que poseen la adelfa, la cicuta o la belladona; pues la primera, a pesar de su belleza, carece de corazón, y los otros dos vegetales, como cualquier otro organismo de su mismo reino, no poseen ni sistema nervioso ni acetilcolina a la que inhibir. Mas la planta del ricino —y, más concretamente, las semillas en las que se acumula la ricina— está formada por células, y estas son igual de sensibles a la toxina que las de cualquier otro organismo. Ciertamente, utilizar para defenderte un compuesto químico que también se muestra venenoso para tus propias células es una apuesta arriesgada; pero la planta del ricino posee una curiosa —y a la vez sencilla— estrategia que le evita pegarse un tiro en el pie. Al igual que una granada de mano, la ricina que poseen las semillas de *R. communis* aparece con una «anilla» puesta en forma de proricina desactivada. La toxina en estado inactivo es almacenada en el interior de la célula, pero lo hace dentro de unas minúsculas bolsas llamadas «vacuolas»; una vez allí, aislada del resto de los componentes celulares, la singular anilla en forma de fragmento proteico es eliminada, y la inofensiva proricina se transforma en la letal ricina.[6]

En la imagen izquierda, una adelfa (*Nerium oleander*) con flores rosas. Curiosamente, las adelfas con las flores de color rosa poseen una mayor concentración de oleandrina que las adelfas de flores blancas. En la imagen derecha podemos ver varias semillas de la planta de ricino (*Ricinus communis*), que presentan un aspecto similar al de las garrapatas hinchadas de la especie *Ixodes ricinus*. De hecho, el nombre que recibe la planta procede del parecido de sus semillas con el arácnido parásito.

Toxinas en la cocina

Las plantas poseen una variedad inmensa de venenos, y solo la selección artificial que, poco a poco, los humanos hemos ido realizando ha permitido que en la actualidad podamos consumir miles de especies vegetales sin asumir demasiados riesgos. Sin embargo, que un vegetal sea comestible no quiere decir en modo alguno que se encuentre totalmente libre de tan peligrosas sustancias: muchas de las frutas, verduras y hortalizas que consumimos diariamente conservan las toxinas de sus antepasados no domesticados. Mas no debemos preocuparnos demasiado, ya que la cantidad en la que estos venenos aparecen entre nuestros alimentos suele ser muy pequeña; y, tal como acertadamente dijo Paracelso: solo la dosis hace el veneno.

Así, el fruto del almendro (*Prunus dulcis*), especialmente cuando aún no ha alcanzado su grado óptimo de madurez, a veces contiene, como una misérrima herencia de sus tatarabuelos silvestres, pequeñas cantidades de un compuesto tóxico llamado «amigdalina». Esta sustancia —que, por otro lado, también aparece en los huesos de albaricoques, ciruelas y melocotones o en las pipas de las manzanas— pertenece a la categoría de los glucósidos cianogénicos, que son utilizados por más de 2.500 especies diferentes de vegetales como mecanismo de protección. Cuando el fruto del almendro, sobre todo en sus variedades salvajes, es dañado por la acción de un insecto o de un herbívoro, la amigdalina se escinde en otras dos sustancias: el amargo benzaldehído y el letal cianuro.[7] El primero, debido a su desagradable sabor, avisa al animal de la equivocación en la que está incurriendo; y el segundo, impidiendo que las células del comensal utilicen el oxígeno del aire en su metabolismo, lo golpea si este ha cometido el error de hacer oídos sordos a la amarga advertencia. Pese a ello cuando, tranquilamente apoyados en la barra de un bar con una caña bien fresquita, entre el plato de almendras que nos han puesto como tacaño aperitivo nos topemos con la desagradable almendra amarga, no debemos preocuparnos demasiado: la cantidad de amigdalina que presenta es tan pequeña que necesitaríamos ingerir varias docenas de ellas, tan acibaradas como la hiel, para empezar a sentir ligeramente los síntomas de una intoxicación por cianuro.[8]

Es cierto que la selección artificial ha sido la principal responsable de que las toxinas naturalmente presentes en los vegetales hayan desaparecido en las variedades comestibles, o que al menos su cantidad se haya visto drásticamente disminuida. Sin embargo, bajo algunas circunstancias especiales, la concentración del veneno en las plantas domesticadas puede verse puntualmente incrementada, y de ese modo manifestar de forma inesperada sus nocivos efectos. Precisamente, tan inusual circunstancia acaeció, allá por el año 1969, en una escuela situada en el sudoeste de Londres, cuando 78 de los 300 niños que habitualmente almorzaban en el comedor del colegio tuvieron que ser atendidos en el hospital con síntomas de envenenamiento, que fueron atribuidos a la ingesta de… ¡patatas cocidas![9]

La patata (*Solanum tuberosum*), así como otras plantas comestibles de la familia de las solanáceas como el tomate o la berenjena, utiliza glicoalcaloides tóxicos (especialmente la α-solanina y la α-chaconina) para protegerse de los herbívoros y de los hongos parásitos. Estos tóxicos aparecen en concentraciones apreciables tanto en la planta como en los frutos verdes, aunque en estos últimos prácticamente desaparecen al madurar. Los tubérculos de las solanáceas, como la patata, también poseen glicoalcaloides, pero en cantidades tan minúsculas que resultan totalmente inofensivos. De modo que ¿cómo pudieron las patatas provocar un intenso cuadro de vómitos, diarrea y somnolencia en aquellos escolares? Los médicos encontraron en los restos de las patatas que habían ingerido los niños niveles de α-solanina y α-chaconina que triplicaban las cantidades de glicoalcaloides que normalmente presenta este tubérculo. Parece ser que aquellas patatas procedían de una remesa que había sido almacenada durante todo el verano, y que las condiciones de almacenamiento no habían sido las más adecuadas, razón por la cual se produjo un incremento significativo en los glicoalcaloides tóxicos típicos de las solanáceas. Se sabe que las condiciones de luz y temperatura influyen drásticamente en la concentración de los tóxicos en la patata. Así, en presencia de luz, la cantidad de α-solanina que contiene el tubérculo se cuadruplica en solo 24 horas al pasar de los 7 a los 16 °C, y se multiplica por nueve cuando la temperatura de almacenamiento alcanza los 24 °C.[10] Aunque las intoxicaciones debidas a los glicoalcaloides de la patata son muy raras y sus síntomas suelen limitarse a leves indisposiciones gastrointestinales, si queremos evitar cualquier mínima posibilidad de vernos afectados por sus toxinas debemos almacenar las patatas en un lugar fresco y oscuro, y evitar ingerir las partes verdes del tubérculo o aquellas en las que haya empezado a brotar un pequeño tallo.

Hay un aspecto referente a la toxicidad que poseen los vegetales que no deja de resultar ciertamente sorprendente, y es que, a pesar de la enorme variedad de tóxicos de los que dispone el reino vegetal y de la ingente cantidad de plantas venenosas que nos rodean, los envenenamientos accidentales en humanos (si excluimos de la estadística a los niños pequeños) son muy infrecuentes. Una posible explicación a esta circunstancia podríamos encontrarla en la función defensiva que las sustancias tóxicas desempeñan en los vegetales. Las plantas poseen venenos que, a diferencia de los empleados por serpientes, arañas o escorpiones para capturar a sus presas, no tienen por objetivo terminar con la vida de otro organismo, sino proteger la integridad del propio vegetal. A una planta venenosa de nada le sirve la muerte del animal que la ha devorado; la naturaleza no entiende de venganzas, sino de supervivencia, y si la planta quiere sobrevivir, por muy tóxica y letal que sea, debe avisar a su depredador del peligro que corre si decide comérsela.

Pero ¿cómo una planta puede poner sobre aviso al resto de organismos de la toxicidad que posee?

Los animales que emplean el veneno como estrategia defensiva avisan de su toxicidad a los posibles depredadores utilizando ciertas combinaciones de colores (negro y amarillo, rojo y negro…) en una estrategia denominada «aposematismo», y de la que se sirven, por ejemplo, las avispas o las salamandras. Sin embargo, las plantas utilizan generalmente los colores con un objetivo diametralmente opuesto al de las avispas: atraer a los polinizadores; por lo que la estrategia de la coloración aposemática para avisar del peligro no ha tenido demasiado éxito en el mundo vegetal.[11] En realidad, las plantas alertan a sus posibles depredadores utilizando un estímulo muy diferente al visual, un estímulo químico que solo se percibe cuando ya se le ha dado un bocado al propio vegetal: el sabor amargo. De hecho, si hay una característica que compartan la mayoría de los venenos de origen vegetal, esta es el desagradable y áspero sabor que dejan en el paladar. La repulsión que el sabor amargo genera en el cerebro de un animal suele ser suficiente como para que este escupa inmediatamente el pedazo que se había llevado a la boca, y deje definitivamente en paz al ponzoñoso vegetal.

La evolución ha dotado a los humanos de una capacidad extraordinaria para detectar ciertos sabores. Así, el placer que sentimos al consumir un alimento de sabor dulce, *umami*[12] o ligeramente salado es la recompensa de nuestro cerebro por el aporte de nutrientes, que le son tan necesarios al organismo, como la glucosa, las proteínas y el cloruro sódico. Del mismo modo, la desagradable sensación que percibimos al ingerir una sustancia intensamente amarga nos pone sobre aviso de la posible toxicidad de un alimento. Aunque algunos homínidos han convertido en un placer el amargor presente en algunas bebidas, lo cierto es que la capacidad para detectar este sabor evolucionó en el *Homo sapiens* no para disfrutar de esos santos griales llenos de *gin-tonic* (en los que últimamente han empezado a flotar bayas de enebro y trozos de pepino), sino para avisarnos de la posible toxicidad de un alimento.

Después de conocer sustancias tan peligrosas y letales como la cicutina, el cianuro o la ricina, todas ellas fabricadas por las plantas, albergo la esperanza de que la clásica preconcepción que asocia lo natural a lo beneficioso —y que, simultáneamente, arrastra a vincular lo artificial con lo nocivo— comience a tambalearse en muchos de mis alumnos. Mas sé fehacientemente que modificar una creencia tan arraigada no se consigue de la noche a la mañana, ni siquiera cuando los argumentos se muestran tan esclarecedores. Como docente no me queda otro remedio que seguir insistiendo, y seguro que más pronto que tarde muchas de esas creencias comenzarán a resquebrajarse, permitiendo que sobre sus cimientos derruidos se construya un nuevo y válido conocimiento.

2

La postura de la mimosa

Hay días en los que te levantas con el pie cambiado, y las estupideces que en otras ocasiones te resbalan como las gotas de lluvia por un impermeable recién estrenado terminan por ponerte de una mala leche descomunal. Pues resulta que, en un país cuyas leyes de educación se modifican con mayor rapidez que las opiniones de sus políticos, donde el profesor ya no sabe si preparar sus clases según la normativa LOGSE, LOPEG, LODE, LOE… —¡¡LOCO!!—, en el que las administraciones educativas aumentan irreflexivamente el ratio de alumnos por aula, eliminan la asignatura de filosofía (obligando a profesores de Economía a impartir clases de valores éticos) y tardan medio mes en cubrir la baja de un compañero, cuando pudiera parecer que hay cientos de aspectos que no funcionan en absoluto en la educación de nuestro país y por los que la sociedad debería levantar airada la voz, resulta que el problema más importante es si… el nene lleva o no deberes para casa. Y que conste que soy de la opinión de que la mayor parte del trabajo se debe realizar en el aula con la ayuda del profesor, y que seis horitas de clase son más que suficientes para aprender todo lo que el niño necesita saber. No obstante, tampoco creo (y en este aspecto me arriesgo a contradecir los dogmas establecidos por algunos psicólogos y pedagogos) que realizar algunas tareas en el hogar vaya a generar un profundo trauma en el espíritu del niño o a desestabilizar irreversiblemente la unidad familiar.

Mas, dejando de lado la percepción social sobre la bondad o la vileza, la utilidad o la ineficacia de las tareas que en el cole mandan para casa, es innegable que los deberes son el gran ogro, el enemigo mortal de nuestros alumnos. O, al menos, esa es la impresión que personalmente saco llegado el momento de corregir los pocos —muy pocos— ejercicios que les pido realizar durante el fin de semana. Y es que, en ese momento, lo que hasta entonces era un monótono murmullo de voces adolescentes se transforma de golpe en un silencio sepulcral, de tal tensión contenida que solo faltaría la música de *Tiburón* para que a alguno se le escapase un chillido de terror. Pero, padres y madres preocupados: no debéis alarmaros. Lo cierto es que vuestras criaturitas saben moverse en este contexto como pez en el agua, poniendo en práctica diversas y variadas estrategias de descargo de culpa que utilizan sin pudor alguno para justificarse ante su profesor: «¡Ay!, se me olvidó el cuaderno»; «¡Cachis!, se los comió el perro»; «¡Jopé!, no entendía los enunciados»... No obstante, la maniobra que más me gusta —ya sea por su hermosa ingenuidad o porque me recuerda al increíble mundo de las plantas sobre el que realmente trata este libro— es aquella tan frecuente que consiste en bajar la cabeza y arrugarse poco a poco en el pupitre, tratando de pasar desapercibidos ante el profesor. ¡Qué majos! Utilizando la misma estrategia que pone en práctica la *Mimosa pudica* para pasar inadvertida ante sus depredadores, mis candorosos alumnos esperan no ser los elegidos para corregir las tareas.

La estrategia que desarrolla la *Mimosa pudica* consiste en retraer y replegar sus hojas en el momento en que el vegetal percibe un estímulo táctil: el contacto con un insecto, el roce con el cuerpo de un herbívoro o el ímpetu descontrolado de una ráfaga intensa de viento. Así, en pocos segundos una planta sana y vigorosa troca en otra mustia, marchita y, en definitiva, poco apetecible para los herbívoros que se la querían comer.[1] Pero ¿de qué modo un vegetal (que carece de los músculos que utilizan mis alumnos para ovillarse en el pupitre mientras ingenuamente esperan ocultarse de la vista y escapar de las interpelaciones de su profesor) puede contraer y tensar sus hojas y ramas según su conveniencia? Pues la respuesta a tal cuestión la encontraremos en un proceso físico, de lo más frecuente en la naturaleza, llamado «ósmosis».

La ósmosis simplemente consiste en el movimiento de agua entre dos zonas anejas separadas por una membrana, como perfectamente pudiera ser la membrana plasmática que separa una célula del medio externo que la rodea. Sin embargo, en la ósmosis el agua no puede circular libremente de un lado para otro, sino que el flujo de agua solo puede conducirse en un sentido, y nunca en el contrario. El sentido en el que se mueve el agua viene determinado por la concentración de sales que hay a un lado y a otro de la membrana; y el trasiego de agua se producirá de forma espontánea desde la zona con menor concentración de sales hacia el lugar en el que estas están en una mayor concentración, pero nunca —jamás— ocurrirá al revés.

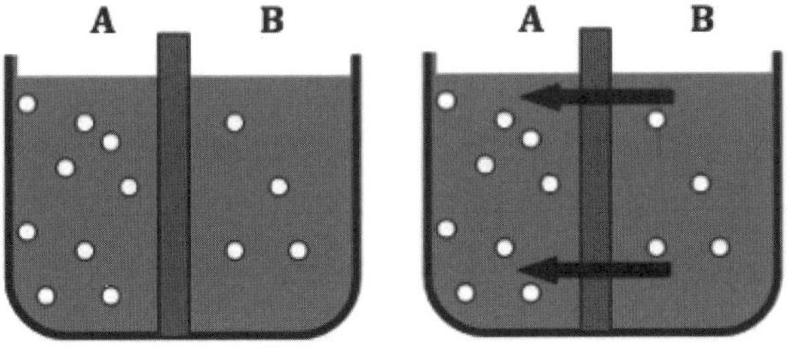

En la imagen izquierda vemos dos disoluciones separadas por una membrana semipermeable que presentan una concentración distinta de sales (representadas con puntos blancos): la disolución A presenta una mayor concentración que la disolución B. En la imagen derecha observamos el proceso de ósmosis: el agua fluye de forma espontánea desde la disolución más diluida (B) hacia la más concentrada en sales (A).

La ósmosis es el proceso que está detrás de la apertura y el cierre de los estomas de las hojas, unos pequeños elementos que permiten que la planta intercambie los gases con la atmósfera, y que podemos imaginar como minúsculas boquitas repartidas por la superficie de la hoja. Los estomas están constituidos por dos células con forma arriñonada (denominadas «células oclusivas») que se disponen dejando entre ellas un minúsculo orificio llamado «ostiolo», a través del cual entran y salen los gases en el vegetal. Los estomas se abren y se cierran debido a la entrada y salida de agua de sus células oclusivas. Así, cuando estas se llenan de agua no tienen más remedio que hincharse como un globo, separándose una de la otra y expandiendo el ostiolo. Por el contrario, cuando pierden parte del agua que contenían, las células oclusivas se arrugan como una pasa, contrayendo el ostiolo y cerrando, de ese modo, el estoma.

El mecanismo de ósmosis también explica cómo la *Mimosa pudica* y otras plantas sensitivas son capaces de abrir y replegar sus hojas —de la misma forma en que se abre un paraguas cuando llueve o hace sol— utilizando exclusivamente la presión del agua.[2] Así, en la base de cada una de las hojas de la *M. pudica* aparece una estructura en forma de articulación llamada «pulvino». El pulvino presenta dos tipos de células: las extensoras (situadas en su base) y las flexoras (ubicadas en la parte superior). En condiciones normales, las células extensoras de los pulvinos se encuentran llenas de agua, por lo que están turgentes y mantienen rígidamente cada hoja, de forma análoga a como lo hace nuestro codo cuando estiramos el brazo. Pero cuando se produce un estímulo táctil sobre cualquier parte de la hoja, aparece un flujo de iones K^+ que abandona las células extensoras del pulvino. Estas células, con una menor concentración en sales, ceden mediante ósmosis agua a las células flexoras del propio pulvino, perdiendo su turgencia y deshinchándose. La salida de agua de las células extensoras del pulvino provoca una caída de la presión en su interior y, a la vez, el retraimiento de la hoja, exactamente igual que cuando nuestro codo se flexiona (y que provoca que nuestro brazo se doble). Así, de la misma forma que el caracol cuenta con su concha, los conejos con su madriguera y los docentes con el tantas veces anhelado oasis de silencio y paz que encontramos en la sala de profesores entre clase y clase, la *M. pudica* —no en vano conocida popularmente como «mimosa vergonzosa» o «mimosa nometoques»— también hace uso de su derecho a la reclusión; solo que, en su caso, esta siempre viene motivada por el contacto físico, y su guarida no es otra que ella misma.

Aproximadamente cinco minutos después del cese del estímulo que originó todo el proceso, los iones K^+ volverán a introducirse en las células extensoras del pulvino, a raíz de

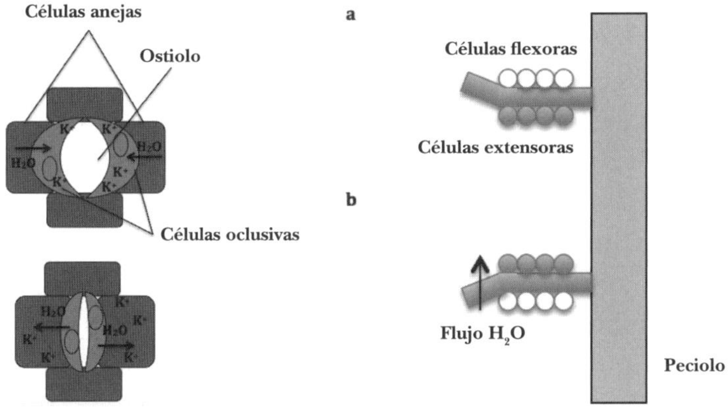

En la imagen de la izquierda (arriba) se muestra la estructura de un estoma abierto: la elevada concentración de iones K^+ en las células oclusivas provoca que el agua pase hasta ellas, mediante ósmosis, procedente de las células anejas. En la imagen izquierda (abajo) aparece el estoma cerrado: el aumento de la concentración de iones K^+ en las células anejas provoca el flujo de agua desde las células oclusivas, estas últimas se deshinchan y el estoma se cierra. En la imagen de la derecha se han representado las células que conforman el pulvino de una hoja de *Mimosa pudica* (los pulvinos también aparecen en la unión entre los foliolos y el raquis de la hoja).[3] En la figura ***a***, observamos que las células extensoras (situadas en la parte inferior del pulvino) se encuentran hinchadas, lo que hace que la hoja se levante. En la figura ***b***, podemos ver que el agua de las células extensoras llega mediante ósmosis a las células flexoras. Como consecuencia de ello, las hojas pierden su rigidez y descienden.

lo cual se generará un movimiento de agua hacia su interior, lo que hará que estas células recuperen su turgencia y su presión interna y que, por tanto, la hoja de la *M. pudica* se levante de nuevo.

Algunos científicos no comparten la idea de que el decaimiento temporal de los foliolos y las hojas de la *M. pudica* tenga por objetivo mostrarla menos apetitosa ante sus depredadores, sino que plantean la posibilidad de que se trate de un mecanismo de protección que permite a la planta disminuir la superficie expuesta a los fuertes vientos que podrían dañarla.[4] Mediante otros estudios, desarrollados en este caso con la *Mimosa microphyla* (una planta sensitiva similar a la *Mimosa pudica*, pero dotada de un número mayor de espinas), también se propone la posibilidad de que esta estrategia proteja a la planta frente al ataque de los herbívoros de mediano tamaño al exponer las amenazantes espinas que decoran sus ramas y que, con la frondosidad de las hojas y foliolos erectos de la mimosa, permanecen ocultas e inaccesibles.[5] Lo cierto es que todas estas alternativas se muestran complementarias, y lo que en realidad confirman es que la «postura de la mimosa» —que con tanta frecuencia adoptan mis alumnos en el aula— constituye un fantástico mecanismo de protección para algunas plantas, ya sea frente a la acción de los herbívoros o a la del viento. Pero, además, el análisis de la discrepancia en cuanto al objetivo buscado por la mimosa al ocultar sus hojas nos ha permitido, casi sin darnos cuenta, llegar hasta una de las defensas más comúnmente utilizadas en el reino vegetal: las espinas.

¡Cómo pincha!

La presencia de espinas en las plantas es un hecho tan común y conocido… como doloroso. ¿O es que tú nunca has salido al campo a coger zarzamoras? Pues yo sí, y no veas lo orgulloso y poderoso que se siente uno cuando, de vuelta a casa, se presenta ante su esposa, ojiplática y asustada, con un cubito de esos que llevan los nenes a la playa repleto de raquíticas zarzamoras, la camisa agujereada por los enganchones y los brazos llenos de las más creativas imágenes tribales, tatuadas a base de arañazos. Cierto es que después de la última cacería de moras me tuve que poner la antitetánica, pero ¿qué es un pinchacito más ante los cientos que antes me había regalado la puñetera zarza durante nuestro combate? Y es que desde siempre hemos asumido que las púas que presentan las plantas sirven para protegerlas —aunque no de un humano un poco inútil, sino de los herbívoros que suelen depredarlas.

No obstante, esta percepción generalizada no fue comprobada científicamente dentro de un entorno natural hasta el año 1988, cuando unos científicos norteamericanos se desplazaron a Kenia para estudiar la relación entre los pinchos que posee una especie de acacia que se desarrolla en la sabana (*Acacia seyal*) y las jirafas que se alimentan de sus hojas.[6] Desnudando de espinas a unas cuantas acacias y dejando sin depilar a otras, estos científicos confirmaron que las hojas de los árboles que habían sido desprovistos de sus púas eran devoradas por las jirafas con mucha mayor frecuencia —y, seguramente, con menos dolor— que las de aquellos otros que mantenían intactas sus defensas.

Actualmente sabemos que las espinas más finas y afiladas de la acacia se clavan en la boca y en los labios de la jirafa, mientras que las más gruesas y largas dificultan los movimientos laterales de la boca del animal con los que este trata de arrancar las hojas y desprender las ramas del árbol. Sin embargo, con la anterior experiencia no solo se demostró que las espinas conforman un buen mecanismo de protección para las plantas —o que las jirafas no tienen ni un pelo de tontas y prefieren alimentarse sin tener que pagar el precio de un buen pinchazo—, sino que también se detectó una interesante correlación entre el grado de depredación que sufrían las acacias y el tamaño y la densidad de las espinas que estas poseían. Así, las acacias que sufrían con mayor intensidad la visita de las jirafas terminaban por desarrollar una mayor cantidad de púas (y, además, de mayor tamaño) que aquellas otras que, por localizarse más cerca de las poblaciones humanas, no eran visitadas con demasiada frecuencia por estos mamíferos. Del mismo modo, las ramas del árbol situadas a menor altura (a un máximo de cuatro o cinco metros), hasta las cuales las jirafas aupaban sus gigantescos cuellos sin problema, poseían más espinas (y más puntiagudas) que las ramas más altas, donde ni la jirafa más cuellilarga podía acceder. Ambas circunstancias nos conducen a pensar que las espinas que poseen muchas plantas, al menos en cuanto a su tamaño y densidad, no son una característica constitutiva e invariable del vegetal, sino que se trata de un rasgo inducido y dependiente de la presencia de algún herbívoro que las deprede.

Los resultados obtenidos en una interesante investigación desarrollada por científicos de la Universidad de Granada con la aliagueta (*Hormathophylla spinosa*), una planta de porte arbustivo llena de espinas que apenas levanta treinta centímetros del suelo y que crece en las estribaciones de Sierra Nevada, nos pueden aportar una mayor información sobre el carácter de defensa inducida y adaptativa que poseen las espinas en las plantas.[7] Estos investigadores, además de confirmar la mayor densidad y tamaño de las espinas en las plantas de aliagueta que se desarrollaban en áreas donde existe una elevada prevalencia de los ungulados que se alimentan de ellas, se dieron cuenta de que aquellas plantas de *H. spinosa* que poseían una menor cantidad de espinas también producían un mayor número de frutos: ¡hasta un 58 % más que los arbustos espinosos que utilizaron como control! De modo que parece reafirmarse que la producción de espinas en los vegetales supone un coste energético importante para una planta; gasto en el que únicamente el vegetal estará dispuesto a invertir (aun a costa de disminuir su rendimiento reproductor) cuando la presencia de herbívoros que lo depreden así lo justifique.

Como recurso defensivo, la eficacia que han alcanzado las espinas dentro del mundo vegetal ha provocado que algunas plantas que son incapaces de fabricar sus propios pinchos para protegerse de los herbívoros traten de imitar estas estructuras, de modo que sus depredadores confundan lo que tan solo es una suculenta hoja o un apetecible fruto con una inaccesible estructura espinosa.[8] La estrategia del mimetismo está muy extendida dentro del mundo animal, donde algunas especies imitan los rasgos que pertenecen a otras para, de ese modo, aprovecharse de una característica que ni tan siquiera poseen. Así, la inofensiva falsa coral imita el patrón y los colores de la verdadera y venenosa serpiente de coral; o los sírfidos, que son simples moscas, se disfrazan con los colores de las peligrosas avispas. De modo similar (pero dentro del reino de los vegetales), los frutos de la planta *Erodium laciniatum* han desarrollado un curioso aspecto que los asemeja a una gigantesca espina, capaz de echar para atrás hasta al herbívoro más hambriento y recalcitrante, a pesar de que este enorme apéndice es tan blandito como un peluche.

El mirto (*Myrtus communis*) lleva a cabo un mimetismo de similar naturaleza, pero no con el fruto, sino con las puntas de sus hojas. En realidad, el extremo de la hoja del mirto es blando y suave, pero su remate en forma de afilado pincho le da toda la apariencia de ser un bocado la mar de doloroso. Mas el mirto no se ha conformado con adoptar en el extremo de sus hojas un ficticio porte espinoso, sino que, además, ha teñido esa zona con un llamativo color rojo. Y esta característica hizo que los científicos se preguntaran si la planta, al colorear su punta fingidamente espinosa, simplemente intentaba destacar esta característica frente al verdor del resto de la hoja, o si también se trataba de una estrategia hasta entonces desconocida en el reino de las plantas: el aposematismo cromático.

Del mismo modo que todo buen conductor sabe distinguir perfectamente las diferentes señales de circulación que le ponen sobre aviso de un posible riesgo en la carretera, los

En la imagen izquierda, espinas gigantes sobre el tronco de una acacia de tres espinas (*Gleditsia triacanthos*). En la imagen derecha, el fruto de la *Erodium laciniatum*, en forma de pincho.

animales aprenden a asociar determinados colores o combinaciones de estos en organismos peligrosos que deben evitar. Las señales de advertencia en el mundo animal son universales, y utilizan y combinan preferentemente los colores negro, amarillo y rojo, pero su interpretación no constituye una característica innata: cada individuo debe aprenderlo a través de la experiencia. Así, un joven e inexperto zorro que se atreva a importunar a una mofeta aprenderá —y la intensa experiencia olfativa le hará recordarlo para siempre— que ese animalito de franjas listadas negras y blancas libera tal pestilencia que no conviene siquiera acercarse a él. Mas lo cierto es que, siendo el aposematismo basado en los colores una señal de advertencia muy arraigada en el mundo de los animales, en el reino de las plantas se muestra como una estrategia verdaderamente extraña.

En realidad, las plantas (especialmente las angiospermas) acostumbran a utilizar los colores como una estrategia que no tiene por objetivo ahuyentar a otros organismos, sino atraerlos. Los hermosos colores de las flores de un almendro, de un cerezo o de un rosal se combinan con las fragancias que estas exhalan para atraer a los insectos polinizadores; sin embargo, algunos investigadores empiezan a considerar que cuando estos colores aparecen tiñendo las espinas de una planta, el propósito puede ser totalmente diferente al buscado por sus coloridas flores. Precisamente esta circunstancia se produce en el majuelo (*Crataegus monogyna*), cuyas espinas presentan un color rojizo que las hace destacar sobre el resto de elementos de la planta y que podríamos considerar como una señal aposemática. También en la palmera datilera (*Phoenix dactylifera*) encontramos espinas que combinan, con el verde de la planta, los típicos colores aposemáticos amarillo y negro que, reconocidos por los herbívoros de mediano y gran tamaño, protegen al vegetal de su depredación por parte de estos animales.

Los investigadores especulan con la posibilidad de que el aposematismo cromático de las espinas se fije en la memoria del herbívoro al verse potenciado por un daño mucho mayor que el de un simple —aunque desagradable— pinchazo: una buena y dolorosa infección bacteriana. De hecho, tanto en las espinas del majuelo como en las afiladas puntas de las hojas de la palmera datilera se han encontrado múltiples especies de microorganismos patógenos, entre ellas las *Clostridium perfringens*, que son las bacterias responsables de la gangrena gaseosa. Los científicos sospechan que los microorganismos que colonizan las espinas de una planta podrían introducirse a través de las heridas que estas provocan en el herbívoro, y la infección que aparece asociada a los pinchos de colores permitiría al animal, una vez recuperado, no olvidar nunca el peligro que suponen para él esa planta y su combinación de llamativos colores.[9]

El vello de las plantas

Sin duda, las espinas constituyen una estupenda herramienta que las plantas utilizan con mucha frecuencia para defenderse de los herbívoros de pequeño, mediano y gran tamaño; solo que, en la mayoría de los entornos en los que estas prosperan, sus potenciales enemigos son sumamente diminutos, minúsculos, del tamaño de... insectos. En realidad, los insectos son los organismos que mayores daños causan a los vegetales, y las púas o las espinas, útiles con animales de mayor tamaño, generalmente son demasiado grandes como para proteger a la planta de los primeros. Mas los vegetales han encontrado para este gran problema —asociado a unos minúsculos seres— una gran solución —asociada a unas minúsculas estructuras similares a las púas—: los tricomas.

Los tricomas son los diminutos apéndices que exhibe la epidermis de la mayoría de las plantas pero que, a pesar de parapetarse bajo un nombre común, poseen estructuras, formas y características diferentes. Las funciones que estos pequeños elementos cumplen para el vegetal también son múltiples y variadas: conservar cierta humedad sobre la superficie, preservar la integridad de la planta frente a las rozaduras de los animales merodeadores, generar diminutas sombras sobre la epidermis que regulen la temperatura de la planta y, por supuesto, proteger el vegetal de los insectos que devoran sus hojas y tallos. Ya desde los años 30 del siglo pasado, diversos estudios científicos revelaron el importante papel que los tricomas de la planta de soja (*Glycine max*) desempeñan como mecanismo de defensa frente a los insectos que tratan de devorarla, y se encontró una intensa correlación negativa entre la abundancia de tricomas en la planta y el daño que estas sufren por acción de los insectos.[10]

La superficie vegetal recubierta de tricomas conforma una barrera física que dificulta la alimentación, el movimiento, la puesta de huevos de los insectos o la nutrición de sus larvas; y se muestra especialmente eficaz cuando estos minúsculos pelillos epidérmicos son, además, capaces de secretar sustancias producidas por la propia planta. Estos se conocen como «tricomas glandulares», y a su acción puramente física le añaden una mayor eficacia en la protección de la planta frente a los herbívoros al liberar una enorme variedad de sustancias químicas. Sustancias irritantes como la histamina de la ortiga (*Urtica dioica*); alcaloides tóxicos como la nicotina de la planta del tabaco (*Nicotiana tabacum*),

Tricomas tapizando la superficie de una hoja, sobre la que además se sitúan varios áfidos que tratan de parasitarla.

que se muestra letal para los pulgones; o compuestos fenólicos como los taninos, que tanto disgustan al paladar de los herbívoros, además de dificultarles la asimilación de los nutrientes. En muchas ocasiones, las sustancias segregadas por el tricoma carecen de cualquier actividad insecticida, y simplemente se limitan, debido a su presencia viscosa y pegajosa, a inmovilizar las extremidades de los insectos, lo que los conduce irreversiblemente a una lenta y agónica muerte por inanición.

No me cabe la menor duda de que los herbívoros conforman el mayor problema para la salud y el desarrollo de los vegetales, del mismo modo que los deberes constituyen el mayor quebradero de cabeza para los alumnos y para sus sufridos padres. Y si mis alumnos disponen de una imaginativa y poco creíble legión de excusas con las que defenderse de las tareas escolares, las plantas no se quedan atrás en cuanto a las estrategias que utilizan para combatir a sus enemigos (obviamente, no los deberes, sino los herbívoros).

3

De hormigas, cristales y croquetas de arena

Después de haber recorrido innumerables entornos naturales, resulta que he tenido que volver a ponerme delante de una pizarra para darme cuenta de que las aulas de un instituto conforman uno de los ecosistemas más complejos que he llegado a conocer. Ni en la selva amazónica, ni en los arrecifes coralinos, ni en las planicies del Serengueti —ni tan siquiera en las exasperantes colas que se forman en las cajas de Primark— podremos encontrar una diversidad que se acerque, al menos un poquito, a la que se exhibe en cualquiera de mis clases. Y, aunque no deja de ser cierto que los únicos organismos que se desarrollan entre esas cuatro paredes son los individuos todavía inmaduros de una egocéntrica especie de mono bípedo, la enorme variedad de aspectos que estos presentan y la gigantesca heterogeneidad de comportamientos que poseen hacen de ese lugar el entorno más diverso del planeta.

Entre la multiforme comunidad de chavales que constituyen la fauna de un centro educativo, descubriremos las más enrevesadas relaciones, que un biólogo solo esperaría hallar en un complejo y maduro ecosistema: el intenso vínculo simbiótico que, desde el curso pasado, están sosteniendo la chica con brákets de la primera fila y el chico moreno del flequillo infinito; el indolente parasitismo al que el vago de la clase somete a su compañero de mesa cuando carga sobre él todo el trabajo que se supone tenían que realizar a pachas; la cacería de bocadillos en la que diariamente se ve envuelto el abusón durante el recreo, y que indefectiblemente va a conducir a este glotón depredador a pasar unos días meditando la culpa en su casita... Desde luego que en el aula de cualquier instituto podremos encontrar la más abigarrada variedad de comportamientos, pero si entre todos ellos hay una conducta que a los profesores nos alegra el alma observar es aquella en la que varios compañeros dejan de lado sus naturales diferencias para colaborar y ayudarse entre sí a superar los obstáculos. Algo similar a lo que hacen las abejas con las flores a las que polinizan, o los pequeños lábridos al limpiar la boca de otros peces de mayor tamaño, o el despistado Nemo con su anémona favorita, o la profunda relación de mutualismo que se establece entre los árboles y las... ¿hormigas?

Estamos acostumbrados a observar a abejas, abejorros, mariposas o, incluso, a los escarabajos visitar insistentemente las flores de una planta en busca del azucarado premio con el que esta les recompensa por facilitar su polinización; pero es probable que nos resulte algo más extraño considerar la posibilidad de que las hormigas también sean capaces de establecer vínculos bidireccionales de colaboración con los vegetales. Mas la verdad es que la relación de mutualismo que establecen hormigas y árboles no solo no tiene nada de raro ni de singular, sino que además esta asociación se viene desarrollando y afinando desde hace ya muchísimo tiempo; tanto como los millones de años que las angiospermas llevan dominando el reino de los vegetales.

Cuando las plantas angiospermas desplazaron a gimnospermas y helechos de muchos de los ecosistemas terrestres en los que por entonces estos vegetales proliferaban, provocaron dos relevantes sucesos: que la naturaleza se inundara con los colores y las esencias de sus flores, y que se originase un gigantesco flujo de los más variados insectos migrando en busca de comida hacia los dominios colonizados por las plantas con fruto. Y resulta que, detrás de aquellos insectos polinizadores, llegaron las hormigas —como el eficaz rastreador que persigue a su presa—, aunque sin saber que a muchas de ellas esta decisión les iba a cambiar radicalmente la vida. Así, estos insectos, desarrollándose dentro del nuevo entorno diseñado por las angiospermas, fueron modificando sus hábitos poco a poco, especialmente su dieta, pasando de una alimentación estrictamente carnívora a introducir en ella muchos de los productos elaborados por los propios vegetales.[1] Tanto tiempo han estado las plantas y las hormigas asociándose y evolucionando juntas —¿no dicen que el roce hace el cariño?— que han terminado por colaborar entre ellas, estableciendo unos vínculos tan íntimos que a algunos árboles se les ha llegado a diagnosticar con una especie de original parafilia: la mirmecofilia (o el amor por las hormigas).

Los árboles mirmecófilos tienen tal cariño por sus hormiguitas que no solo les permiten corretear libremente por sus hojas y ramas, sino que además les han construido un cómodo habitáculo en el que establecer su hormiguero, y las agasajan con los más suculentos manjares. Estas plantas han preparado en sus espinas huecas, en los peciolos de sus hojas o en rizomas y tubérculos unas diminutas estancias llamadas «domacios», que sirven para albergar a sus queridas hormigas. Pero, por si el hecho de suministrar cobijo y protección a estos insectos no constituyera suficiente muestra de amor, los árboles mirmecófilos producen diferentes alimentos que ofrecen a las hormigas en los nectarios extraflorales repartidos por toda la planta, o, directamente, los disponen colgando del borde de sus hojas.[2]

Mas la experiencia nos ha demostrado que una relación (ya sea de amor entre una pareja o de colaboración entre varios alumnos) no puede fructificar si solo uno de ellos es quien se entrega. De modo que los árboles mirmecófilos también esperan algo de las hormigas a las que mantienen; y ese «algo» que consiguen es, esencialmente, protección frente a

 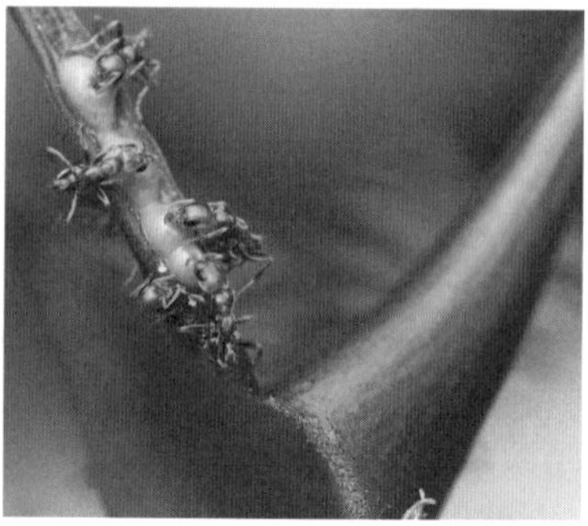

En la imagen izquierda se muestra un domacio, que constituye el hogar de las hormigas, en una acacia. En la imagen derecha vemos hormigas del género *Pseudomyrmex* alimentándose en los nectarios situados en las ramas de una acacia (*Vachellia cornigera*).

los herbívoros. Metidas en su papel de protectoras, las hormigas recorren continuamente todos los rincones del árbol en busca de los alimentos que este tiene preparados para ellas, y, mientras rastrean el dulce tesoro, atacan a cualquier organismo —minúsculo como un insecto o gigante como un mamífero herbívoro— que se atreva a importunar a su hospedador.

En realidad, la asociación entre árboles y hormigas con la que ambos salen beneficiados es mucho más común de lo que podríamos esperar: conocemos más de un centenar de géneros vegetales que practican la mirmecofilia en su intimidad; de lo que se deduce que el mutualismo con las hormigas debe de constituir una estupenda estrategia defensiva para las plantas. No en vano, en una investigación en la que se compararon las diferentes herramientas defensivas que implementan las acacias en su medio natural, se observó que aquellas que compartían sus días con las hormigas habían renunciado a sintetizar los tóxicos glucósidos cianogénicos que estos árboles utilizan para defenderse cuando los pequeños artrópodos no corretean entre sus ramas.[3] Abandonar unas defensas tan útiles como son las armas químicas que la planta puede procurarse por sí misma sin la necesidad de recurrir a la ayuda de ningún socio significa que las acacias mirmecófilas deben de estar muy pero que muy seguras de la fidelidad de sus pequeños insectos.

Ciertamente, es muy difícil que una relación de mutualismo que ha sido afinada poco a poco durante muchísimo tiempo llegue a fracasar por la poca implicación de uno de los componentes de la pareja. Más que nada porque, si el idilio se estropea, ambos —árbol e insecto— verán perjudicados dramáticamente sus intereses. Tan solo imaginemos por un momento que las hormigas que viven sobre una acacia deciden seguir la moda de algunos humanos y disfrazarse de ninis, limitándose a alimentarse con los cuerpos de Beltian que el árbol les cocina y a refugiarse en los domacios que el vegetal ha construido expresamente para alojarlas en el interior de sus espinas, pero sin gastar ni una pizca de energía en defender a la planta de sus enemigos. Como consecuencia del negligente comportamiento de las hormigas, la planta sufrirá daños por la acción de los herbívoros que minarán su salud y, con ello, disminuirán los recursos —por cierto, bastante costosos— que puede invertir en sostener a un batallón de hormigas perezosas; de modo que vegetal y animal se verán abocados a un desastre seguro.

Tras la lectura de las líneas anteriores, es probable que algún lector avispado especule con la posibilidad de que, si finalmente la relación entre ambos organismos se va al garete, el árbol ciertamente lo tenga muy crudo, básicamente porque se quedará allí plantado sin nadie que lo defienda de la infinidad de herbívoros que lo rodean; pero no así las hormigas, que podrán hacer las maletas y buscarse la vida en otro lugar. Pues no es tan así: una reciente investigación parece demostrar que las hormigas desertoras lo tendrían igual de difícil para sobrevivir que la planta abandonada después de la ruptura. En este estudio se analizó la relación mantenida por el árbol mirmecófilo *Acacia cornigera* y las hormigas de la especie *Pseudomyrmex ferrugineus* que habitan en el sur de México, y los investigadores descubrieron que la acacia podría estar… ¡esclavizando a las hormigas![4]

La mayoría de las plantas segregan en los nectarios extraflorales con los que alimentan a sus hormigas un hidrato de carbono llamado «sacarosa» (vamos, el azúcar que todas las mañanas echamos en el café para endulzarlo). Estructuralmente, la sacarosa está formada por la unión de otras dos moléculas más sencillas: la glucosa y la fructosa. Y ni que decir tiene que las hormigas adoran la sacarosa. Aunque, siendo precisos, no a todas las hormigas les gusta el azúcar: las hormigas de la especie *Pseudomyrmex ferrugineus*, que conviven con la *Acacia cornigera*, no pueden digerirlo.

El intestino de la inmensa mayoría de las especies de hormigas sintetiza una enzima llamada «invertasa» que, a modo de tijera química, al escindir el enlace que une la glucosa con la fructosa, les permite asimilar la sacarosa.[5] Pero las hormigas adultas *P. ferrugineus* carecen de esta enzima, así que no pueden alimentarse de la sacarosa que secretan los nectarios extraflorales de la mayoría de las plantas mirmecófilas. Por «suerte» para ellas, la sacarosa sintetizada por la *A. cornigera*, en cuyos domacios habitan, se escinde rápidamente en glucosa y fructosa en los nectarios, debido a que es la propia planta la que aporta la invertasa de la que carecen las hormigas. De este modo, las hormigas pueden alimentarse sin problema con el néctar de su acacia, aunque eso sí: pagando el precio de quedar vinculadas a ella a perpetuidad, pues de abandonarla no podrían digerir el azúcar que producen las otras plantas de su entorno.

La pérdida de ciertas funcionalidades en un organismo es un suceso bastante frecuente entre aquellas especies que se hacen dependientes las unas de las otras. Personalmente, tengo que reconocer (con toda la vergüenza del mundo) que, desde que me casé, perdí las pocas habilidades que me permitían desenvolverme con una mínima soltura en el mundo de los fogones, de tal modo que actualmente he alcanzado tal grado de inutilidad que ya no sé ni freír un huevo. En la naturaleza, por ejemplo, sabemos que la bacteria *Rickettsia prowazekii* (un microorganismo patógeno responsable del tifus exantemático epidémico que actúa como parásito obligado de otras células) ha ido perdiendo paulatinamente muchos de los genes que codificaban funciones que, ahora, las células infectadas han asumido y realizan por ella.[6] Con base en hechos similares al observado en esta bacteria, podríamos especular con la posibilidad de que las hormigas de la especie *P. ferrugineus*, que viven asociadas con la *Acacia cornigera*, hubieran perdido el gen que codifica la invertasa como consecuencia de un largo proceso de especialización y dependencia… si no fuera porque sabemos que no es así.

Y es que los investigadores descubrieron que las larvas de la hormiga poseen en el intestino cantidades de invertasa suficientes para asimilar la sacarosa sin ningún problema. Aunque su estudio también reveló el inesperado hecho de que, en el mismo momento en que las larvas comenzaban a ser alimentadas por sus progenitoras con el néctar de la acacia, esta enzima desaparecía de su intestino; y, en consecuencia, la sacarosa se transformaba en una sustancia indigerible para ellas. La explicación reside en el hecho de que, en el néctar que fabrica la *A. cornigera*, junto con la fructosa y la glucosa, aparecen una serie de sustancias que inhiben la síntesis de la invertasa en las hormigas, lo que provoca que, una vez han probado el dulce néctar, solo puedan digerir el alimento que su planta —y ninguna otra— les aporta. Así, planta e insecto quedan ligados para siempre, hasta que la muerte los separe.

Una defensa muy rocosa

No cabe duda de que la alianza de las plantas con las hormigas resulta tremendamente llamativa y sorprendente, mas lo cierto es que, ante la imposibilidad de huir de sus depredadores, los vegetales han tenido que echar mano de los más variados e ingeniosos mecanismos defensivos. Tal es la exigencia a la que los herbívoros someten a las plantas que estas, para asegurar su supervivencia, incluso han llegado a recurrir a la protección de los pétreos e inertes minerales. No es que las plantas se vayan a liar a pedradas contra los herbívoros que estén deseosos de degustar sus hojas, pero en cierto modo sí podemos asegurar que utilizarán los cantos para romperles los piños a sus enemigos.

El ácido oxálico es un compuesto químico que las plantas sintetizan durante las reacciones químicas que se producen en su metabolismo, y en elevadas concentraciones puede llegar a intoxicar a los animales herbívoros e inhibir eficazmente la acción de insectos chupadores de la savia de la planta tan recalcitrantes como lo son los pulgones.[7] Sin embargo, esta sustancia no suele ser utilizada por las plantas para defenderse —al menos, no directamente—, aunque sí les resulta muy útil a la hora de fabricar una sorprendente herramienta defensiva: cristales duros e insolubles de oxalato cálcico. Los científicos han descubierto que el daño que provocan los herbívoros en las plantas mientras se alimentan de ellas induce la expresión de ciertos genes en las células de hojas y tallos de algunos vegetales (se conocen, al menos, 200 familias de plantas en las que esto sucede). Genes que codifican proteínas encargadas de iniciar el proceso de precipitación del ácido oxálico mediante su unión con el calcio (Ca^{2+}) que acumula la planta en sus tejidos, lo que promueve la aparición de cristales de oxalato cálcico en las estructuras más expuestas del vegetal.

En una investigación que trataba de esclarecer el papel que desempeñan los cristales de oxalato cálcico en la defensa de los vegetales frente a los herbívoros, se utilizaron dos grupos de plantas de una especie de leguminosa de aspecto similar al trébol llamada *Medicago truncatula*.[8] El primer grupo estaba formado por plantas silvestres de *M. truncatula*, mientras que el segundo lo constituían plantas de esa misma especie que habían sido modificadas genéticamente con el objetivo de que produjeran un menor número de cristales de oxalato cálcico. Posteriormente, ambos grupos fueron expuestos a la herbivoría de las larvas del insecto *Spodoptera exigua*, y resultó que, mientras los mutantes de *M. truncatula* eran devorados con fruición por las crías de esta polilla, las plantas nativas (con la capacidad intacta para fabricar cristales de oxalato en sus hojas como respuesta al daño de los herbívoros) sufrían un impacto mucho menor. Además, analizando los insectos que se habían alimentado de cada uno de los dos tipos de plantas, los científicos descubrieron dos aspectos muy interesantes. Por un lado, observaron el enorme desgaste que presentaban las mandíbulas de aquellas larvas de *S. exigua* que habían sido alimentadas con las plantas nativas; modificaciones que, por el contrario, no se manifestaban en el aparato masticador de los insectos que se comieron las plantas mutadas. Por otro lado, advirtieron que las primeras debían ingerir una mayor cantidad de materia vegetal para alcanzar un grado de desarrollo similar al conseguido por las larvas de *S. exigua* alimentadas con la planta mutada.

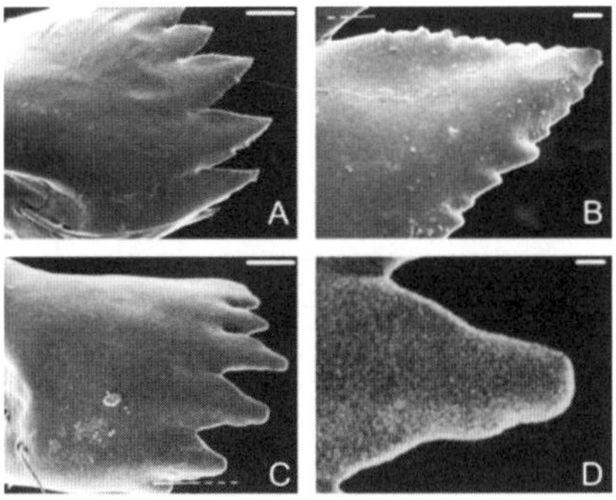

Imagen comparativa en la que se pueden observar los efectos provocados en las mandíbulas de las larvas de *Spodoptera exigua* por los cristales de oxalato cálcico presentes en los tejidos de la *Medicago truncatula*. Las imágenes de la columna de la izquierda corresponden a la mandíbula completa del insecto masticador, mientras que las imágenes de la columna de la derecha nos muestran un diente de forma individual. Las imágenes A y B pertenecen a larvas de *S. exigua* alimentadas con una dieta artificial carente de cristales de oxalato cálcico. Las imágenes C y D corresponden a larvas de *S. exigua* alimentadas con plantas salvajes de *M. truncatula* poseedoras de cristales de oxalato cálcico.

Los resultados obtenidos en esta investigación confirman el papel que desempeñan los cristales de oxalato cálcico en la defensa de la planta frente a los herbívoros masticadores: por un lado, al erosionar la mandíbula del insecto, terminan por obstaculizar su alimentación; mientras que, por el otro, disminuyen drásticamente el valor nutritivo de la comida al dificultar la asimilación de los tejidos vegetales en el tracto digestivo del animal. Sin embargo, esta estrategia presenta al menos un inconveniente, y es que el único modo en que los cristales de oxalato cálcico pueden desgastar los órganos masticadores del herbívoro implica que este se alimente durante un tiempo indeterminado con las estructuras del vegetal que contienen la abrasiva sustancia; y solo a largo plazo la planta, si es que consigue superar los daños que le ha provocado la herbivoría, se encontrará protegida de la acción de sus desdentados depredadores.

Es una verdadera pena que estos pequeños cristales no aparezcan adheridos a la superficie de la planta, tapizándola toda a modo de armadura —como la de los caballeros medievales, que protegían su cuerpo con ella durante la batalla—, porque, si así fuera, los insectos masticadores ni tan siquiera tendrían la oportunidad de darles un pequeño bocado. Pues, curiosamente, una estrategia similar ha sido empleada recientemente por unos científicos suecos con el objetivo de proteger a los pequeños plantones de coníferas de la acción del gorgojo del pino (*Hylobius abietis*).[9] Las larvas fitófagas de este coleóptero acostumbran a perforar los jóvenes troncos de cedros, pinos y abetos en crecimiento con tal eficacia que en algunas plantaciones escandinavas han llegado a provocar la muerte de hasta el 90 % de estos árboles. La estrategia habitual para terminar con tan dañina plaga se basa en el uso —a saco— de insecticidas piretroides; mas la elevada toxicidad de estas sustancias parece haber dirigido a los científicos hacia la búsqueda de alternativas menos perniciosas.

Una de estas nuevas estrategias, que ha mostrado una eficacia análoga a la de los insecticidas (pero sin sus tóxicos ni sus indeseados efectos secundarios), consiste en tratar los troncos de las coníferas en desarrollo con acrilato, una sustancia utilizada para fabricar algunos tipos de plásticos, y posteriormente rociarlos con partículas de arena. Los granos de arena, de un diámetro de 0,2 milímetros —del tamaño perfecto para encajar entre las mandíbulas de las larvas masticadoras del escarabajo—, quedan adheridos al polímero plástico, formando una densa, sólida e inexpugnable barrera de arena alrededor del tronco del árbol. Las larvas de *H. abietis* no pueden atravesar el recubrimiento mineral del vegetal: así, las jóvenes coníferas permanecen protegidas de la letal acción del insecto.

Vaya agudeza la de estos científicos suecos: forrar con arena el tronco de los pinos… ¡Si es que los humanos somos la repera! ¡Qué inteligencia! ¡Qué creatividad! ¡Qué... qué... qué narices! Y es que algunas plantas llevan siglos utilizando la estrategia defensiva de la armadura de arena. En los antiguos libros de botánica ya se hacía referencia a unas curiosas plantas que vivían en ambientes áridos y que tenían la costumbre de rebozarse de arena como un niño pequeño el primer día de playa. Durante mucho tiempo se estuvo especulando con la utilidad que un cuerpo empanado de arena —como si de una croqueta se tratara— podía tener para estas plantas. Se creía que las protegía de la excesiva intensidad luminosa, que evitaba la pérdida de agua, que disminuía la temperatura superficial del vegetal… Conjeturas, todas ellas, que probablemente tengan algo de verdadero. Pero una investigación desarrollada durante el año 2016 por entomólogos de la Universidad de California aportó pruebas de que los granos de arena que se fijan a la superficie de la planta *Abronia latifolia* (debido a las sustancias pegajosas que liberan los tricomas glandulares de sus hojas y tallos) tienen la función de protegerla frente a los herbívoros.[10]

En un primer experimento, los investigadores se dedicaron a limpiar delicadamente con una esponja húmeda las hojas y tallos recubiertos de arena de algunas plantas de *A. latifolia* que crecen en las dunas playeras de la costa oeste norteamericana, a la vez que dejaban a varias de sus vecinas revestidas con la coraza mineral. Pasados unos meses, observaron que las plantas lavadas de *A. latifolia* habían sufrido un 20 % más de daños (debido a la acción de los herbívoros) que las plantas control, que todavía mantenían la arena adherida a su superficie. Esos resultados parecían indicar que la coraza mineral con la que se viste la *A. latifolia* le sirve a la planta para protegerse de los herbívoros; pero ¿la eficacia de este mecanismo de defensa se debía a que el recubrimiento de arena hacía pasar desapercibida a la planta, o al hecho de que un bocado arenoso no suele resultar demasiado apetecible para el animal?

Para resolver esta incógnita, los investigadores implementaron un segundo experimento: seleccionaron varias plantas de *A. latifolia* y las repartieron en tres grupos. El primero estaba formado por plantas a las cuales se les había retirado parte de la arena que les cubría las hojas y los tallos; mientras que a los vegetales del segundo y tercer grupo se los había rociado con arena, verde a unos y del color del suelo a los otros. De nuevo, como ya sucediera en la primera experiencia, las plantas libres de arena fueron las más depredadas, y con diferencia; pero, curiosamente, aquellas que habían sido recubiertas con arena de color verde —y que resaltaban claramente frente al fondo marrón amarillento de la arena de la duna— sufrieron un nivel de depredación tan bajo como el que presentaban las plantas embadurnadas con la arena normal. Mediante esa experiencia, los investigadores pudieron descartar el mimetismo con el entorno como mecanismo de protección de las plantas de *A. latifolia*; del mismo modo que todo parecía indicar que, en realidad, los herbívoros únicamente evitaban comerse las plantas recubiertas con arena porque esta otorgaba al alimento una crujiente y desagradable textura.

Abronia latifolia en flor, creciendo entre la arena de las dunas.

Aunque taparse con la arena del desierto para mostrarse como un bocado poco apetecible parezca una estrategia de lo más singular, algunas plantas han desarrollado una maniobra defensiva todavía más extraña: atiborrarse de metales pesados como si no hubiera un mañana. Los científicos creen que ciertos vegetales recurren a la extraordinaria estrategia de acumular en su interior elevadas concentraciones de tóxicos metales pesados para defenderse de los herbívoros.

El *Thlaspi caerulescens* es un pequeño vegetal de porte herbáceo que, con sus minúsculas y blancas flores, pasa sus días desapercibido dentro de las inabarcables praderas del oeste de los Estados Unidos. El único aspecto que hace destacar el *T. caerulescens* entre el resto de hierbas que crecen a su alrededor es la enorme avidez que muestra por acumular en sus hojas y tallos metales como el zinc (Zn) o el cadmio (Cd); lo que le ha valido un empleo indefinido como limpiador de los suelos contaminados por las actividades humanas. Sin embargo, desde hace tiempo esta planta —más allá de su utilidad como agente para la biorremediación de suelos contaminados— ha despertado el interés del mundo de la ciencia porque bajo lo que parece un peculiar síndrome de Diógenes vegetal se podría estar escondiendo una interesante estrategia defensiva. Los científicos están seguros de que el *T. caerulescens* utiliza los altos niveles de Zn que tiende a acumular como mecanismo de defensa para combatir a los insectos herbívoros y a los microorganismos patógenos. De hecho, varios estudios han demostrado que la langosta del desierto (*Schistocerca gregaria*), responsable de multitud de plagas de cultivos a lo largo de la historia de la humanidad, manifiesta claras preferencias por alimentarse de aquellas plantas de *T. caerulescens* que posean menores niveles de Zn.

En un estudio desarrollado por investigadores pertenecientes a la Universidad de Oxford, en el que se utilizaron plantas de *T. caerulescens* con diferentes concentraciones (baja, media y alta) de Zn en su hojas, se confirmó que los altos niveles de Zn poseen un efecto disuasorio en la depredación de la planta por parte de la langosta *S. gregaria.*[11] Mas esta investigación fue mucho más allá al descubrir que los insectos eran inicialmente incapaces de distinguir entre las plantas de *T. caerulescens* que acumulaban mayor o menor cantidad de Zn, pero que, transcurridas 48 horas tras la ingesta, ya se mostraban capaces de discernir entre ellas, y elegían para alimentarse a aquellas con unos menores niveles de Zn. Los científicos especulan con la posibilidad de que elevados niveles del metal en los tejidos de la planta modifiquen el sabor habitual que estos bocados vegetales tienen para la *S. gregaria,* de modo que los efectos negativos posprandiales que provoca el Zn en el animal le permitan, posteriormente, asociar la experiencia negativa con el nuevo sabor del vegetal, al que tratará de evitar.

Desde que yo mismo era un alumno de lo más especialito he sabido de la gigantesca variedad de comportamientos que podemos encontrar en una clase de educación secundaria, pero jamás habría imaginado que una diversidad de similar magnitud podría llegar a aparecer entre las estrategias que los vegetales utilizan para defenderse de los herbívoros. Si sorprendentes resultan las estrategias y comportamientos que los adolescentes ponen en práctica en el aula para sobrevivir dentro de la jungla escolar, no menos asombro me causa saber que las plantas se asocian con hormigas, fabrican duros cristales, acumulan en su interior dosis casi letales de metales pesados y se rebozan de arena: todo ello con tal de sobrevivir a sus depredadores.

4

Miénteme… miénteme mucho

Si hay un suceso que puede estropear un apacible día de clase, ese es descubrir con sorpresa que tus alumnos te la están pegando. No me estoy refiriendo al lógico y natural hecho de que prefieran las clases del joven y superenrollado profe de educación física, ni a que se rían con más ganas de los chistes que involuntariamente les cuentan en clase de religión: hago referencia a un engaño de los de verdad, de los que le duelen a cualquier docente. Y es que en el último examen, ese facilito sobre las leyes de Mendel cuyas preguntas ya conocían de antemano, pillé a un alumno… ¡ay!, con una chuleta. Y entre que soy más blandito que un Gusiluz y que —hay que reconocerlo— estaba tan bien escrita, tan ordenadita y con unos dibujos tan detallados, en vez de romperla en mil pedazos, decidí calificársela con una buena nota, como si de su inexistente cuaderno de apuntes se tratara. Ahora —¡eso sí!—, el examen tendrá que repetirlo; oye, que a veces hay que ponerse un poquito exigente para que lo tomen a uno en serio.

Pues eso, hablando seriamente: el problema no es que un alumno copie en un examen ni que lo niegue frente a toda evidencia poniendo por testigos a la cohorte completa de santos celestiales, pues el hecho como tal carece de importancia, sino que vea en el engaño un comportamiento adecuado y aséptico, carente de cualquier implicación ética, mediante el que lograr fácilmente su objetivo. Nuestros chavales de hoy serán las mujeres y los hombres del futuro, y si cometen el error de asumir que el camino correcto para prosperar se recorre a través de la mentira, la picardía y el engaño, podemos imaginarnos la porquería de sociedad que van a construir. Lo cierto es que se trata de una idea muy complicada para hacérsela entender a unos niños de 15 años acostumbrados a repetir los comportamientos que ven a su alrededor, sobre todo cuando nuestros gobernantes no paran de mentir y estafar, cuando personas que nos tenemos por honradas no dudamos al aceptar una factura a la que han amputado el IVA, o cuando sus ídolos deportivos no cejan en el empeño de defraudar por cualquier medio al erario público. Muchos argumentarán, incapaces siquiera de realizar una superficial autocrítica, que el embuste es un síntoma de la enorme inteligencia que caracteriza al ser humano —esa ingeniosa picardía española—; mas lamento confirmar que la artimaña del engaño es tan antigua como la vida misma: la implementan la mayoría de los animales, y también muchísimas plantas. De hecho, los vegetales son los pinochos de la naturaleza, sin duda unos artistas de la mentira: mienten para atraer a los polinizadores, mienten para dispersar sus semillas, incluso mienten para cazar... pero, especialmente, mienten como bellacos para protegerse. ¿Qué puede hacer una simple y frágil florecilla asida firmemente al suelo cuando el resto de estrategias defensivas se muestran infructuosas para protegerse de sus enemigos? Pues... engañar, engañar y engañar.

Probablemente, el caso más paradigmático de engaño vegetal orientado hacia una finalidad defensiva lo constituyan las mentirijillas que las enredaderas del género *Passiflora* les cuentan a las mariposas del género *Heliconius* con la finalidad de evitar que estas últimas pongan los huevos sobre sus hojas. Aunque la planta de la famosa flor de la pasión posee un variado arsenal de sustancias químicas que la protegen de los herbívoros, los lepidópteros del género *Heliconius* son inmunes a tales venenos, de modo que su larvas recién nacidas se alimentan con fruición de las hojas del vegetal, dañándolo gravemente. Los científicos creen que las *Heliconius* son capaces de reconocer las hojas de la *Passiflora* por su forma, motivo por el que estas plantas tratan de engañar a la mariposa cambiando la conformación de sus hojas, mimetizándolas con las que poseen otras plantas presentes en su entorno.[1] La enorme variabilidad de apariencias que, en función del lugar donde se desarrollan, presentan las hojas de la *Passiflora*, así como la evidencia de que, en muchas especies, la forma de la hoja cuando todavía es un pequeño vegetal (y se muestra más susceptible al ataque de las orugas) es diferente a la que presenta durante el estadio adulto, parecen avalar la percepción de los investigadores. No obstante, algunas especies de *Passiflora* han ido varios pasos más allá de la simple mentirijilla, y se han convertido en unas embusteras profesionales al ser capaces de engañar a las *Heliconius*, ya no imitando la forma de las hojas de otra planta, sino… mimetizando los propios huevos del insecto (lo que se conoce como «ovomimetismo»).[2]

Si hay un aspecto en el que las futuras mamás de las *Heliconius* se muestran especialmente meticulosas, ese es el de la elección de la hoja de *Passiflora* sobre la que van a depositar sus huevos. Teniendo en cuenta que muchas especies de esta mariposa ponen un único huevo y que la mayoría de sus larvas son caníbales, se puede entender la obsesión del insecto por localizar la hoja perfecta: aquella sobre la que otras *Heliconius* no hayan depositado previamente sus huevos, pues al eclosionar devorarían a su futura descendencia. Algunas especies de *Passiflora* han utilizado en su propio beneficio el celo con el que estas mariposas seleccionan el primer hogar de sus criaturas, y lo han hecho desarrollando unos nectarios en sus hojas que imitan en forma y color los huevos intensamente amarillos de las *Heliconius*.

En una interesante investigación desarrollada por el departamento de Zoología de la Universidad de Texas, se utilizaron mariposas de la especie *Heliconius cydno* y plantas de *Passiflora oerstedii* con el objetivo de comprobar si el ovomimetismo que presentaban las hojas de la planta impedía (o, al menos, dificultaba) la puesta del insecto.[3] En primer lugar, trataron de elucidar si las mariposas eran capaces de discriminar entre las hojas de *Passiflora* sobre cuya superficie los investigadores habían distribuido varios huevos del insecto de otras que, o bien poseían huevos pintados de verde, o directamente estaban libres de ellos. Los resultados no hicieron sino confirmar que las mariposas reconocen perfectamente los brillantes huevos de sus rivales, y que evitan depositar los suyos sobre una hoja que ya esté ocupada, pues apenas un 5 % de ellas eligieron para su puesta las hojas de *P. oerstedii* que ya tenían otros huevos del insecto. Además, esta experiencia también mostró el grado de disuasión (en forma de tiempo invertido en la puesta) que provoca el ovomimetismo de la *P. oerstedii*: las mariposas tardaban una media de 9,7 segundos en realizar la puesta cuando en las hojas del vegetal estaban ausentes los huevos de otra competidora, pero se demoraban (probablemente buscando una hoja libre que no encontrarían) hasta los 21,8 segundos de media cuando las hojas ya estaban ocupadas.

A pesar de lo extravagante e imaginativo que parece este tipo de engaño, lo cierto es que el ovomimetismo ha surgido en los vegetales, al menos, una segunda vez de forma independiente. Así, no solo algunas especies de *Passiflora* que habitan en las exuberantes regiones tropicales imitan los huevos de sus depredadores, sino que también lo ha hecho un humilde vegetal que vive entre homogéneos minerales de serpentina en las zonas montañosas del estado de California.

Se trata de la *Streptanthus breweri*, una pequeña planta perteneciente a la familia de las mostazas que implementa esta misma estrategia al desarrollar unas callosidades anaranjadas-rojizas que imitan la puesta de las mariposas de la especie *Pontia sisymbrii*, cuyas larvas acostumbran a depredarla. Engaño que parece funcionarle la mar de bien, pues, a través de una investigación avalada por la Universidad de California, hemos sabido que en las plantas normales de *S. breweri* que mostraban ovomimetismo, la infestación con los huevos de la mariposa se situaba en torno al 18 %; se incrementaba hasta el 32 % en los plantones jóvenes que no poseían las típicas callosidades, y alcanzaba el 44 % en aquellas otras plantas adultas a las que se les habían eliminado las rugosidades que imitan el huevo de la mariposa.[4]

Me gustaría volver sobre la *Streptanthus breweri*, pues es una planta que me trae nostálgicamente a la memoria al típico compañero del cole que de cada tres afirmaciones que realizaba, cuatro eran mentira. Desde luego, si en el mundo vegetal existe un mentiroso compulsivo, ese podría ser la *S. breweri*; mas la verdad es que no podemos culpar a la planta por su tendencia natural hacia la trola: ha sido la evolución lo que la ha hecho ser tal y como es. Vivir en un entorno uniforme y casi totalmente vacío, donde la única compañía son las piedras y tus depredadores, genera una presión de selección tan radical que, o te adaptas, o desapareces. Y, sin duda, la *S. breweri* se ha acomodado estupendamente a tan drásticas condiciones, pero lo ha tenido que hacer a base de engaños.

En la imagen izquierda se muestra una hoja de *Passiflora boenderi* con los nectarios que imitan huevos de la mariposa *Heliconius cydno*. En la imagen derecha podemos ver una planta del género *Lithops*, cuyas hojas imitan las piedras del suelo sobre el que se desarrollan.

Si, como hemos visto anteriormente, con el objetivo de minimizar el impacto negativo de las orugas de *P. sisymbrii*, la planta ha desarrollado unas protuberancias que simulan los huevos de la mariposa, para evitar la depredación a la que la someten otros herbívoros (del tipo de saltamontes, escarabajos, gorriones o pequeños mamíferos) ha tenido que recurrir a engañarlos mimetizándose con los colores del suelo. Así, los científicos han observado que el color que poseen estas plantas es muy similar al del terreno sobre el que crecen; mas la visión de un científico no tiene por qué coincidir con la de los herbívoros de los que el vegetal trata de ocultarse. De modo que los investigadores se preguntaban si realmente la similitud cromática que ellos observaban entre la *S. breweri* y el suelo donde prospera se mantenía también a ojos de los herbívoros. Para responder a este interrogante —que podría confirmar que las plantas utilizan la mímesis con el color del sustrato para defenderse de sus depredadores, de un modo similar a como lo hacen muchos animales—, los investigadores decidieron utilizar un parámetro objetivo que eliminase la subjetividad asociada a los fotorreceptores específicos que posee cada observador.[5] Para ello utilizaron un espectrofotómetro que medía la luz reflejada, dentro de un espectro que iba desde el ultravioleta cercano (300 nm) hasta el infrarrojo cercano (750 nm), tanto por la *S. breweri* como por el suelo en el que esta planta crece. Y, *voilà!*: los científicos comprobaron que los espectros emitidos por planta y sustrato prácticamente se solapaban el uno con el otro, lo que les llevó a inferir el hecho de que la planta mimetizaba los colores del sustrato independientemente de los ojos que la pudieran estar observando.

Visto lo visto, podemos afirmar que la *S. breweri* es una especialista en el engaño y la falsificación. Aunque, si queremos conocer al auténtico maestro de la imitación, al rey del disfraz, al Mortadelo del reino vegetal, tendremos que visitar las zonas áridas del sur de África. Allí se desarrollan las plantas del género *Lithops*, que no se conforman con mimetizar el color del suelo, sino que ellas mismas parecen ser el propio suelo. Estas plantas son conocidas como «rocas vivientes» porque su forma, tamaño, textura y color son idénticos a los de los cantos que proliferan en el sustrato donde habitan.

Tomándonos el pelo

Ya sé que os creéis muy listos —vosotros, astutos humanos— y que pensáis que toda esa pléyade de mentiras con las que se defienden las plantas quizás les sirvan para engañar a mariposas, pájaros y conejos, pero nunca a un ser tan inteligente como vosotros. Vaya, pues si tal es vuestra percepción, me da que habéis vuelto a pecar de soberbia, ya que las plantas llevan al menos 10.000 años engañándonos (o, aunque sea, intentándolo con todas sus fuerzas). Ahora bien, antes de conocer algunas de las mentiras que nos cuentan los vegetales y que nosotros nos tragamos como ingenuos colegiales, existe una cuestión que previamente debemos elucidar: ¿por qué nos mienten las plantas?

Tratemos de no mirar con desconfianza a la drácena que tenemos en el salón: debemos saber que, a diferencia del político que nos promete el oro y el moro o de la entidad bancaria que coloca acciones de alto riesgo a sus desinformados clientes, las plantas no mienten ni engañan de forma deliberada; sus trolas son, simplemente, la consecuencia empírica del proceso evolutivo. Pongamos como ejemplo a la *Streptanthus breweri* y su capacidad para mimetizarse con el color del suelo rocoso sobre el que se desarrolla. Sería erróneo —y también profundamente estúpido— pensar que estas plantas adquieren a propósito la tonalidad que las mimetiza con el sustrato para, de esa forma, confundir a sus posibles depredadores. Lo que sin duda resultaría más acertado sería echar la vista hacia el pasado e imaginarnos una heterogénea población de plantas, pertenecientes a la especie *S. breweri* y poseedoras de diferentes características, (entre ellas, una amplia variedad de tonalidades). Ya dijo Darwin que dentro de cualquier población —ya sea de bacterias, de humanos o de pequeñas plantas que crecen entre las rocas— siempre existe cierta variabilidad intrínseca entre sus individuos, debida, como posteriormente se ha encargado de demostrar la genética, a pequeñas diferencias en el genotipo. De este modo, centrándonos exclusivamente en la tonalidad de la planta, existirían diferentes tipos de individuos de *S. breweri* en los que el color de su tallo y hojas se asemejase en mayor o en menor medida al del suelo en el que crecen. En principio, la coloración de la planta podría tener la misma relevancia evolutiva que la pigmentación del pelo de los humanos: ninguna. Aunque, en un entorno en el que escasean otros vegetales y abundan los herbívoros, el color de la planta va a resultar crucial para su supervivencia. Así, las plantas de *S. breweri* cuya tonalidad resultase similar a la del sustrato al que están unidas pasarían más desapercibidas ante sus depredadores que aquellos otros ejemplares poseedores de una coloración que revelase su presencia al contrastar con la tonalidad del suelo. Insectos, aves y pequeños mamíferos se alimentarían preferentemente de las plantas de *S. breweri* que se localizan más fácilmente, y serían los individuos camuflados los que tendrían mayores posibilidades para sobrevivir y reproducirse, que pasarían a su descendencia —a través de los genes— la coloración que en este peculiar contexto les hubiera resultado ventajosa.

A tenor de lo expuesto con anterioridad, podemos asegurar que las plantas nos mienten porque, de algún modo, estamos ejerciendo sobre ellas —como las mariposas o los saltamontes sobre la *S. breweri*— una intensa presión selectiva. Desde que, hace 10.000 años, los humanos empezáramos a domesticar las plantas seleccionando en los vegetales una serie de características (a la vez que se iban desechando otras), las plantas no tuvieron otro remedio que empezar a engañarnos. Cualquier agricultor sabe de la enorme dificultad que implica eliminar esas indeseables malas hierbas que disminuyen el rendimiento de un cultivo; pero tuvo que ser el científico ruso Nikolái Ivánovich Vavílov quien, a principios del siglo XX, encontrara la explicación a esta evidencia.[6] Vavílov planteó la hipótesis (que después fue sobradamente demostrada) de que las malas hierbas iban mimetizando poco a poco algunas de las características de la planta de cultivo, de modo que, llegado un momento, era muy difícil diferenciar entre la una y la otra. Curiosamente, la capacidad de las malas hierbas para mimetizarse con los cultivos, conocida como «mimetismo vaviloviano», tiene un único culpable: el humano.

La mayoría de las plantas cultivables poseen un hermano rebelde en forma de mala hierba que, como cualquier otro ser vivo, trata de adaptarse a las condiciones del entorno para sobrevivir. El arroz, el trigo, las patatas e incluso la lechuga presentan vegetales de su misma especie que no cumplen con las características que son deseables para el ser humano, y que, de ese modo, cuando aparecen junto a nuestros cultivos se los considera maleza o malas hierbas que deben ser erradicadas.

El ser humano, en su afán por mejorar el rendimiento de los cultivos, ha tratado de eliminar esas malas hierbas, primero a mano y luego utilizando compuestos químicos, pero la maleza ha respondido a su presión selectiva pareciéndose cada vez más y más a la planta cultivada. El mecanismo de mímesis entre malas hierbas y cultivo es similar al presentado anteriormente con la *S. breweri*: entre los vegetales considerados como maleza habrá una enorme variabilidad, y solo aquellos que más se parezcan (morfológica o fisiológicamente) al cultivo que se desea proteger tendrán menos posibilidades de ser eliminados por el agricultor o por sus herbicidas. Así, llegado cierto punto, los únicos especímenes indeseables que aparecerán en los cultivos serán aquellos que hayan mimetizado algunas características de la planta domesticada.

En el sur y en el este de África, el sorgo domesticado (*Sorghum bicolor*) comparte hábitat con otras variantes salvajes de la misma especie que, en principio, no actúan como malas hierbas, puesto que presentan diferencias con la planta cultivada claramente reconocibles por el agricultor. El problema que origina la coexistencia entre el sorgo salvaje y el cultivado es la permanente polinización cruzada que se da entre ambos tipos de gramíneas, y que provoca la aparición de una tercera variante: el sorgo híbrido, morfológicamente muy similar al cultivado. Los esfuerzos que han realizado los agricultores para eliminar esta mala hierba de sus cultivos ha dado como resultado un intenso mimetismo vaviloviano que hace que el sorgo híbrido haya llegado a ser prácticamente indistinguible del sorgo cultivado.[7]

Un hecho similar sucedió durante la década de 1950 en los campos de cultivo de arroz (*Oryza sativa*) de Suazilandia, cuando los científicos observaron los estragos que una especie salvaje de arroz (*Oryza rufipogon*), cuyos híbridos con *O. sativa* mimetizan la planta cultivada, estaban provocando entre los agricultores africanos.[8] La mala hierba compartía varias características con el arroz doméstico que los hacía a ambos prácticamente indistinguibles, pero con el inconveniente de que los granos del primero no eran comestibles, por lo que el rendimiento de las cosechas caía en picado. Tan preocupante era el problema que se idearon novedosas estrategias con el objetivo de distinguir el arroz doméstico del salvaje: por ejemplo, se diseñaron genéticamente variedades de arroz doméstico que poseían hojas de color púrpura, fácilmente diferenciables de las malas hierbas, pero al poco tiempo… los híbridos ya presentaban ese mismo color en sus hojas.

Las anteriores historias sobre el sorgo y el arroz nos muestran vegetales que prosperan engañando al ojo del ser humano al imitar la fisonomía del aparato vegetativo de la planta domesticada. Pero, en realidad, la mayoría de las veces las malas hierbas en su estado adulto ni siquiera se asemejan a la planta cultivada a la que mimetizan: simplemente, han sido capaces de copiar los mecanismos defensivos que utilizan estas para protegerse de los herbicidas o, directamente, calcan la forma de las semillas que utilizan para reproducirse. Concretamente, este último es el caso de la veza (*Vicia sativa*), una mala hierba que se utiliza para alimentar al ganado y que imita las semillas de la planta de la lenteja (*Lens esculenta*). Normalmente la veza produce semillas redondeadas, pero se ha observado que cuando aparece como mala hierba en los cultivos de *Lens esculenta* su simiente se aplana, simulando la forma que presenta la semilla de la famosa legumbre.[9]

Sin pepitas

Resulta curioso que algunos vean en la naturaleza la perfección impoluta que solo puede haber sido diseñada por una mano sobrenatural, mientras que otros, no menos fascinados por la belleza de la vida, la veamos como la combinación exitosa que ha surgido a partir de los remiendos de billones de equivocaciones. De hecho, si hay algo que nos ha mostrado la evolución, no es su capacidad para acertar con la primera apuesta, sino la enorme predisposición que posee a la hora de insistir y reutilizar sus creaciones. Así, ciñéndonos al reino de las plantas, lo que para muchos vegetales puede constituir un error evolutivo que los aboque a la extinción, para otros ha llegado a convertirse en una eficaz estrategia que les permite proteger sus semillas de los depredadores y, así, asegurarse la supervivencia.

La producción de frutos sin semilla (denominada «partenocarpia») constituye un evento que se produce con cierta frecuencia en el mundo de las angiospermas, y tiene su origen en problemas asociados a la polinización y la fertilización del óvulo. No es extraño que, cuando la planta ha visto dañados sus órganos reproductores, se encuentra sometida a un importante estrés hídrico, no dispone de suficientes nutrientes, o ha surgido por la combinación de varios juegos de cromosomas, los frutos que desarrolla carezcan de simiente.[10] Se trata, por tanto, de un acontecimiento que repercute de forma negativa en la salud del vegetal, puesto que dilapida recursos en la formación de un fruto que no tiene semilla a la que proteger. Sin embargo, algunas plantas que proliferan eficazmente dentro de su entorno presentan con demasiada frecuencia frutos partenocárpicos. Y no estoy hablando de los deliciosos plátanos de Canarias, que —por obra y gracia del hombre— han perdido las semillas y estas se han transformado en esos minúsculos puntitos negros que observamos en su interior, sino de árboles que, de algún modo, salen beneficiados con estos singulares y estériles frutos.

La chirivía (*Pastinaca sativa*), poseedora de una raíz comestible parecida a la zanahoria y un porte similar al del apio y al de la cicuta (con la que no conviene confundirla), produce con muchísima frecuencia frutos partenocárpicos, que combina aleatoriamente con otros que están repletos de semillas. Un rápido razonamiento nos llevaría a elucubrar que si estas plantas prosperan en su entorno es solo porque el gasto en el que están incurriendo al producir frutos sin semilla debe de ser compensado de alguna otra forma. Y los científicos opinan que, efectivamente, así es: los frutos partenocárpicos son el señuelo que utilizan estas plantas para atraer y engañar a las polillas de la especie *Depressaria pastinacella* que se alimentan de sus frutos. De ese modo, desviando la atención del fruto fértil, protegen sus semillas.[11]

Los investigadores descubrieron que las polillas preferían alimentarse de los frutos partenocárpicos antes que de los frutos que estaban repletos de semillas (a pesar de que la cantidad de nutrientes que poseen los primeros es muy inferior a la de los segundos), y que, como consecuencia de esta elección, el crecimiento del insecto se veía ralentizado. La explicación a tan extraño comportamiento se debe a que el fruto con semillas posee en su cáscara el doble de cantidad de unas sustancias tóxicas (denominadas genéricamente «furanocumarinas») que las que están presentes en la cáscara del fruto infértil que actúa como cebo. Así, cuando el insecto prueba un bocado del fruto fértil, termina abandonándolo y decantándose por el partenocárpico, aunque su contenido en nutrientes sea menor. De modo que, para la chirivía, los frutos sin semilla —que *a priori* constituían un gasto sin sentido que podía poner en peligro su supervivencia— se han convertido en una inmejorable inversión basada en el engaño, y le permite, por un lado, ralentizar el crecimiento de su depredador; por el otro, proteger a su futura descendencia.

Si es evidente que la evolución acostumbra a reciclar diferentes elementos, no lo es menos su tendencia a encontrar soluciones similares a problemas parecidos. Así, la estrategia que utiliza la chirivía combinando un falso agente atractivo (en forma de fruto partenocárpico) con una sustancia repelente (las furanocumarinas de la piel del fruto) se ha visto replicada en un árbol endémico de México: el cuajiote (*Bursera morelensis*).

Las semillas del cuajiote son depredadas con avidez por las larvas de moscas y avispas cuando todavía se localizan en el interior del fruto en desarrollo, por lo que constituyen una plaga tremendamente insidiosa y dañina para este tipo de árboles. Científicos de la Universidad Nacional Autónoma de México han trabajado sobre la hipótesis de que la elevada frecuencia de frutos sin semilla que producen estos árboles responda a una adaptación defensiva frente a la presión ejercida por los insectos que parasitan sus frutos y devoran sus semillas, de forma similar a la implementada por la chirivía.[12] Estos investigadores descubrieron que los frutos partenocárpicos del cuajiote, además de carecer de semillas, tampoco presentaban los cristales de oxalato de calcio que sí aparecen en los frutos fértiles. El oxalato de calcio, como ya hemos visto, constituye uno de los elementos defensivos que utilizan los vegetales para protegerse de sus depredadores;

de modo que la combinación de un fruto partenocárpico y de otro repleto de semillas protegidas por el oxalato debe de constituir una estupenda estrategia defensiva para el cuajiote.[13] Y los resultados experimentales así parecen confirmarlo, pues los científicos encontraron que el 22 % de los frutos partenocárpicos (carentes de semillas y de oxalato) de *B. morelensis* se encontraban parasitados, mientras que los 870 frutos fértiles que analizaron —¡todos!— estaban completamente libres de las larvas de los insectos.

Después de todos los bulos vegetales que hemos destapado, no podemos negar que el engaño y la mentira conforman una rentable y eficaz estrategia defensiva en plantas y también en animales; sin embargo, las sociedades humanas, basadas en la cooperación entre sus individuos, no pueden sustentarse en base a la mentira, el fraude y la picardía. Tan solo desde la honradez y la sinceridad —que debemos inculcar en las generaciones futuras— podremos construir una sociedad más justa, equitativa y solidaria; en definitiva… una sociedad mejor.

5

Cuando las barbas de tu vecino veas cortar...

Tengo que reconocer un creciente desasosiego por la inesperada transformación que indudablemente viene aconteciéndome en los últimos años, pues no soy capaz de concebir una explicación alternativa a la de haberme metamorfoseado en un grotesco y terrorífico monstruo para justificar que mis alumnos griten como posesos al verme girar la esquina que comunica el departamento con el pasillo donde se ubican las aulas. Asomando por la puerta, —¡invariablemente!— aparecen una o dos cabecitas adolescentes que de repente se recogen ante mi lejana presencia —como las antenas de un caracol ante el sutil contacto con una impertinente falange—, mientras gritan desaforadamente: «¡¡Ya viene!!, ¡¡ya viene!!». En ocasiones, los rugidos alcanzan tal intensidad que hasta yo mismo me doy la vuelta acongojado, temeroso por descubrir al ser infernal que acecha a mis espaldas y que ha aterrorizado a esas ingenuas criaturitas que, por otro lado, rara vez se asustan por nada.

La táctica del aviso ante la inminente llegada del profesor —que a diario observo entre mis alumnos más pequeños y que dolorosamente me hace plantearme de qué modo puedo haberme hecho merecedor de una reputación que ya quisiera para sí el propio Hannibal Lecter— no es para nada nueva dentro del campo de la educación... ni tampoco, desde luego, lo es en el ámbito de la biología. Todos aquellos que, luchando con desigual fortuna ante los conjuros de Morfeo, acostumbramos a reposar la comida tumbados en el sofá frente al televisor podremos captar la enorme precisión con la que el proceder de mis queridos alumnos parece ajustarse al comportamiento de las pequeñas mangostas africanas. Dentro de cualquier comunidad de las suricatas que corretean por los desiertos del Namib o del Kalahari, como también entre los estudiantes que aprovechan el descanso entre clase y clase para estirar sus músculos y calentar las cuerdas vocales, siempre hay algún vigía que, sostenido sobre dos patas, escudriña el cielo y el suelo en busca de un depredador hambriento. Cuando el vigilante del grupo detecta la presencia de lo que podría suponer un enemigo en potencia, realiza una singular llamada que pone sobre aviso a sus congéneres, quienes acudirán prestos a refugiarse en sus madrigueras… o a sentarse velozmente (y con cara de no haber roto un plato) en sus pupitres.

Ciertamente, estamos acostumbrados a que los animales realicen acciones de este tipo, ya se trate de pequeñas suricatas, graciosos perritos de la pradera, escandalosos monos aulladores o inquietas crías humanas con las hormonas desbocadas. Mas ¿qué pensaríais si os digo que también las plantas se avisan unas a otras ante una posible amenaza, de un modo similar a como lo hacen las suricatas en el desierto o mis alumnos entre clase y clase? Probablemente, tal afirmación causará sorpresa entre muchos de los lectores, pero lo cierto es que a cada día que pasa, y con cada nueva investigación que se realiza, estamos más seguros de que los que *a priori* nos podrían parecer unos inertes vegetales —incapaces de proferir queja alguna cuando un perro se les orina encima o cuando un enamorado, navaja en mano, les tatúa un enorme corazón— poseen la capacidad no solo de detectar a un enemigo, sino también de alertar a sus compañeros de vecindario de tan peligrosa presencia.

Para conocer una de las primeras evidencias sobre la comunicación entre las plantas, tenemos que remontarnos a un famoso estudio realizado en la década de 1980. Los resultados de esta investigación revelaban la hasta entonces insospechada facultad que poseen las plantas para informar a quien pueda escucharlas del daño del que están siendo objeto, ya sea por la acción de un herbívoro hambriento o por las tijeras de un jardinero.[1] Pero lo que resultó, si cabe, más sorprendente es que no se trataba de simples quejas lastimeras que se llevaba el viento, de gritos emitidos en el vacío, sino que había otras plantas situadas a su alrededor que eran capaces de percibir esas lamentaciones. Más aún: además de percatarse de las quejas de sus compañeras, las plantas las interpretaban como un aviso de lo que les podía esperar a ellas en un futuro inminente. Y de ninguna manera se resignaban a permanecer indiferentes y estáticas a la espera de que llegase su turno —¡no, señor!—, sino todo lo contrario: se preparaban para la guerra.

Los investigadores trasplantaron un total de treinta plantones de jóvenes álamos negros del Canadá (*Populus euramericana*) y arces azucareros (*Acer saccharum*) a un recipiente estanco y transparente de metacrilato, dotado de unos dispositivos que permitían la introducción y la recirculación del aire, más que nada para mantener con vida a los pequeños arbolitos que iban a participar en el experimento. En el receptáculo se desarrollaban dos tipos de plantones: los «intocables», a los que no se iba a rozar ni una sola de sus hojas, y los «conejillos de Indias», a los que los investigadores iban a seccionar, sin ningún miramiento, un par de sus pequeñas hojuelas. De este modo, en tan singular invernadero coexistían plantas que habían sido dañadas con otras vecinas que no habían sufrido perjuicio alguno.

Cuando los científicos recogieron y analizaron muestras de las plantas que previamente ellos mismos habían lastimado, observaron en sus tejidos un incremento espectacular —hasta del 150 % en algunos casos— de una singular variedad de compuestos químicos de naturaleza fenólica. Aspecto que no resultó sorprendente en modo alguno, pues por entonces ya se sabía que este tipo de sustancias son sintetizadas por los vegetales para protegerse de la acción de los insectos y de los microorganismos que los depredan y parasitan, a los que dificultan la asimilación del alimento o, simplemente, intoxican. Así, para los investigadores quedaba muy claro que los plantones dañados habían respondido a la agresión humana sintetizando cantidades anormalmente elevadas de compuestos químicos defensivos con el objetivo de protegerse —¡inocentes, ellos!— del hipotético herbívoro que los estaba atacando. Mas lo realmente interesante no lo constituía el hecho de que los vegetales hubieran detectado al enemigo a través de las lesiones que este les había inferido, sino que las plantas ubicadas a su alrededor, intactas en toda su estructura, también habían aumentado de forma muy significativa la producción de las mismas sustancias defensivas que sus vecinas laceradas. Eso demostraba que estas últimas habían comunicado a las primeras el daño que estaban sufriendo, es decir: de algún modo habían delatado la presencia de un enemigo potencial.

Los investigadores estaban convencidos de que la señal de alarma generada por los plantones dañados y percibida por los vegetales incólumes que se ubicaban en el mismo recipiente no era, como podemos imaginar, un grito a pleno pulmón al estilo de «¡¡Ya viene!!», sino una señal más sutil: algo así como una sustancia de naturaleza gaseosa que se escapaba de forma subrepticia. Lo cierto es que los investigadores ya tenían, como componente estrella en las flatulencias con las que unos vegetales alertaban a otros, a un sospechoso habitual: el etileno. Pero aunque el etileno es un compuesto volátil que permite cierta comunicación entre los vegetales —especialmente entre los frutos de algunas plantas, que gracias a este gas maduran casi al unísono—, en la actualidad sabemos que son otras dos sustancias las que liberan las plantas, cual inaudible alarido, cuando están sufriendo algún daño. Se trata de dos compuestos también gaseosos, pero con una estructura química más compleja que el etileno: el metiljasmonato (MeJA) y el metilsalicilato (MeSA).[2]

¡Fuera del laboratorio!

Experimentos posteriores desarrollados siguiendo la misma línea que esta famosa investigación parecían reafirmar la creciente percepción de que las plantas poseen la aptitud de comunicar, bien a otras partes de la misma planta, bien a otros individuos vegetales de la misma o diferente especie, el daño que sufren cuando son atacadas por un herbívoro, por un microorganismo patógeno o por un técnico de laboratorio que insensiblemente les amputa una hoja. Sin embargo, todas estas experiencias presentaban un importante factor limitante: se habían desarrollado dentro de un contexto tan restringido como lo son las cuatro paredes de un laboratorio. Y el contexto, especialmente en este caso, lo es todo: teniendo en cuenta que la comunicación entre las plantas parecía estar mediada por compuestos químicos en estado gaseoso que se transportan y difunden a través del aire, podremos entender que ni la concentración, ni la pureza, ni, desde luego, los efectos que estas sustancias provocarán dentro de un recinto cerrado serán siquiera parecidos a los que producirían en un entorno abierto sometido a las inclemencias meteorológicas y a la acción dispersiva del viento. De modo que, si de lo que se trataba era de determinar el verdadero grado de comunicación que se establece entre las plantas en condiciones reales, se hacía necesario desarrollar los experimentos en el medio natural dentro del cual estas se desenvuelven.

Con este objetivo, entomólogos de las universidades de California y Arkansas, en colaboración con científicos del

Instituto Max Planck alemán, implementaron allá por el año 2000 una interesante investigación que supuso la primera prueba realmente consistente de que las plantas, dentro del ambiente en que de forma natural se desarrollan, pueden informarse unas a otras del daño que están sufriendo.[3] Para llevar a cabo este experimento, los científicos utilizaron dos especies de plantas: la artemisa (*Artemisia tridentata*) y la planta de tabaco salvaje (*Nicotiana attenuata*), vegetales que coexisten de forma natural en la Gran Cuenca situada en el oeste de Norteamérica.

La *A. tridentata* es una planta de porte arbustivo que supera con cierta facilidad los tres metros de altura y que, en general, se muestra tremendamente resistente a la acción de los herbívoros; por el contrario, la *N. attenuata* es atacada con frecuencia por saltamontes y orugas que devoran sus hojas sin piedad. Nuestros investigadores querían conocer si el deterioro que ellos mismos iban a provocar en las hojas y tallos de los arbustos de la artemisa llegaba a ser conocido por las plantas de tabaco silvestre que crecían junto a ellos. Y la forma de determinarlo consistía en comprobar que estas últimas, completamente intactas, activaban sus defensas contra los herbívoros cuando se percataban del daño que habían sufrido sus vecinas, las plantas de artemisa.

Para ello ubicaron una planta de tabaco a 15 centímetros de cada arbusto de artemisa, una tras otra, siempre con la raíz dentro de un recipiente de plástico que evitaba el contacto directo con las sustancias químicas presentes en el suelo. La idea era que, si finalmente se confirmaba la comunicación entre ambas especies de plantas, se pudiera descartar que la sustancia que había hecho de mensajera hubiera viajado de una planta hacia la otra a través del suelo. Y lo cierto es que el primer aspecto del que los investigadores se percataron fue, precisamente, el inusual incremento en las emisiones de compuestos volátiles, como el MeJA y el MeSA, entre las plantas de artemisa que habían lacerado.[4] Así, parecía reafirmarse la teoría de que, en el caso de existir algún mensajero, este no viajaría a través del suelo, sino que lo haría por el aire.

Mas los resultados que obtuvieron tras esta investigación fueron, si cabe, de mayor relevancia que la esperada confirmación del MeJA como agente comunicador entre vegetales, pues se observó que las inmaculadas plantas de tabaco situadas junto a los arbustos de artemisa que habían sido dañados veían aumentar la concentración de una proteína en sus tejidos: la polifenol oxidasa (POP). Esta enzima está implicada en la activación de un complejo sistema que conduce a la síntesis de compuestos fenólicos con actividad insecticida, los que, en teoría, solo deberían fabricarse en el momento en que la propia planta sufriera un ataque por parte de un depredador. Esta observación, junto con la comprobación de que las plantas de tabaco cercanas a los arbustos de artemisa que no habían sido dañados —o que, aun habiendo recibido las «caricias» de los investigadores, no habían podido dispersar sus chillidos en forma de MeJA por estar cubiertos por un plástico, como señoras recién salidas de la peluquería en un día de lluvia— no habían sufrido incremento alguno de la concentración y actividad de la POP, confirmaba que las plantas, dentro de su entorno natural, pueden comunicar las unas a las otras la presencia de un enemigo que las está atacando.

En la actualidad, transcurridas casi dos décadas de aquella investigación, sabemos muchas, muchísimas más cosas sobre la comunicación entre las plantas. Sabemos, por ejemplo, que cuando las sustancias presentes en la saliva de un herbívoro entran en contacto con el tejido dañado de una planta, estas inducen la liberación de grandes cantidades de los ácidos grasos que el vegetal almacenaba; y que estos van a ser inmediatamente transformados en un grupo de sustancias llamadas, de forma genérica, «oxilipinas».[5] Sabemos también que las oxilipinas constituyen la barrera defensiva de la planta, lo que podríamos denominar su sistema inmunológico; y que entre la enorme variedad de sustancias químicas que se parapetan bajo esta denominación destacan el ácido jasmónico, el ácido salicílico y el propio etileno, que se encargan de proteger a la planta frente a la acción de insectos y microorganismos. Pero por si todo esto fuera poco, también sabemos que las propias oxilipinas, además de defender a la planta en la que han sido sintetizadas, se van a encargar de inducir la expresión de un importante grupo de genes como respuesta a una agresión externa. Genes que codifican la información para producir compuestos volátiles (como el MeJA o el MeSA) que, abandonando la planta herida a través de sus estomas, revelarán a otras compañeras todavía indemnes la presencia de un enemigo potencial, y promoverán la activación de su sistema defensivo sin necesidad de recibir previamente el bocado de una oruga o de un escarabajo.[6]

Lo que todavía no sabemos, sin embargo, es si las plantas dañadas que se comunican con sus congéneres realizan esta acción tratando de alertarlas de forma intencionada o si, por el contrario, se trata de un acto involuntario por el que la respuesta defensiva de un vegetal es detectada por las plantas que se encuentran cerca de ella.

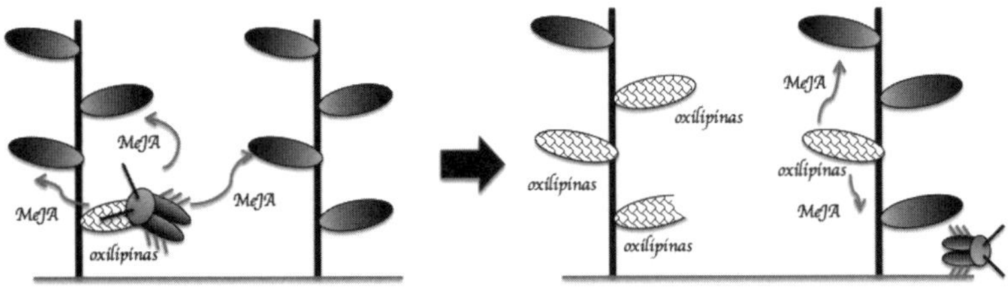

En la imagen izquierda se ha representado la respuesta de una planta ante el ataque de un herbívoro. Debido a la respuesta desencadenada por la saliva del insecto, se ha activado la síntesis de las oxilipinas en la hoja que ha sido dañada. Estas sustancias poseen una actividad antiherbívoros, pero además van a provocar, mediante la expresión de un grupo característico de genes, la liberación de compuestos volátiles como el MeJA, que a su vez activarán (imagen derecha) la síntesis de nuevas oxilipinas en otras partes de la planta atacada o de una planta vecina que haya sido capaz de percibir los compuestos volátiles de su compañera dañada.

Apoyando la primera postura podríamos recurrir al necesario equilibrio que debe presentar un ecosistema para la supervivencia de todas las especies que lo constituyen. Así, desde este enfoque podríamos ver en las emisiones de compuestos volátiles una señal de alarma, una especie de bengala de aviso que la planta herida emitiría de modo voluntario para alertar a sus convecinas en pos de mantener la estabilidad de su comunidad. Sin embargo, desde otro punto de vista (al que me reconozco más cercano) planea la posibilidad de que las sustancias volátiles que una planta libera cuando está siendo depredada tengan como único objetivo alertar con celeridad a otras partes del propio vegetal para que pongan en marcha rápidamente sus defensas (la síntesis de oxilipinas) en puntos muy alejados del pernicioso mordisco del herbívoro, lo que aumentaría las posibilidades de supervivencia de la planta herida. En este segundo caso, lo que de entrada podría parecer una solidaria, hermosa y desinteresada historia de comunicación entre un vegetal herido y sus congéneres sanos se transformaría en un episodio de simple —aunque sorprendente— marujeo entre verduras.

Hoy en día no cabe ninguna duda de que las plantas se comunican entre sí a través del aire utilizando como mensajeros a diferentes sustancias volátiles, pero lo que todavía no tenemos claro es si lo hacen con un propósito que va más allá de su conveniencia y beneficio particular. Lo que sí resulta obvio es que, en el caso de que un vegetal dañado solo «grite» para avisar y poner en guardia a otras partes de su propia estructura, la selección natural debe de haber bendecido a todas aquellas plantas que han crecido con la facultad de husmear, cual vecino aburrido del quinto, en las conversaciones que mantienen los moradores del mismo rellano; pues con tan valiosa información habrán conseguido adelantarse a la acción del herbívoro y protegerse de su funesta acción. Por el contrario, aquellas plantas completamente sordas a las quejas de sus compañeras se verán sorprendidas por el ataque de los herbívoros sin haber tenido tiempo para preparar sus defensas, y sus posibilidades de supervivencia se verán drásticamente reducidas con respecto a las de sus colegas más fisgonas.

Échame una mano, prima

Tras la lectura de los párrafos anteriores, cualquiera de vosotros puede estar preguntándose: «Si los "berridos" que emite una planta lastimada pueden ser detectados por un vegetal próximo a ella, ¿no es posible que otros organismos que habitan en su entorno también sean capaces de percibir esas mismas señales de aviso?». Bueno, pues debo reconocer que así es. Es más, que seguro que alguna vez vosotros mismos habéis sido testigos indiferentes de los «gritos» que estaban dando miles de plantas cuando eran laceradas por una segadora... ¿o es que nunca habéis disfrutado con el aroma a césped recién cortado? Pues lamento deciros, pedazo de sádicos, que esas esencias herbales que nos sumergen en un mundo de relajantes y naturales sensaciones no son sino los lamentos lastimeros que, en forma de compuestos químicos volátiles, están liberando las plantas para quejarse del daño que les estamos infligiendo. Ciertamente, de poco le sirve al césped del jardín que los humanos podamos percibir sus quejas cuando lo estamos rasurando, pero a diferencia de nosotros, otros organismos no van a hacer oídos sordos a estas señales de aviso, sino todo lo contrario: algunos animales están dispuestos a echar una mano a las plantas... siempre y cuando obtengan un beneficio por ello.

En un curioso experimento se decidió comprobar si había algún otro organismo (además de los vegetales del vecindario) escuchando las quejas emitidas por una planta cuando esta había sido lastimada por la acción de un herbívoro.[7] Con este objetivo, los científicos utilizaron un centenar de plantas de tabaco silvestre (*Nicotiana attenuata*) como alimento para las larvas del gusano del tabaco (*Manduca sexta*), que, como su propio nombre indica, tiene una especial predilección por masticar las adictivas hojas de este vegetal. Cada planta recibió sobre sus hojas, como envenenado regalo de los investigadores, cinco huevos de la oruga; de modo que cuando las larvas vinieran al mundo dispusieran cómodamente de todo el alimento que, en forma de tejidos del vegetal, necesitaran. Pero antes del nacimiento de las larvas, los científicos también rociaron algunas de las plantas de tabaco con varios de entre los compuestos químicos volátiles que ellas mismas suelen sintetizar y liberar cuando en condiciones naturales son atacadas y dañadas por este tipo de orugas... y lo que observaron fue increíble. Como si de niños y ratas al son del flautista de Hamelín se tratara, decenas de horribles chinches de enormes ojos rojos (*Geocoris pallens*) se vieron irremediablemente atraídas por los efluvios que brotaban de las plantas. Las hordas de chinches se habían percatado de las quejas —en este caso, imitadas por los científicos— de las plantas de tabaco, y se dirigían hacia ellas sin dudarlo; mas no para devorarlas, sino para alimentarse de sus huéspedes, los gusanos del tabaco. Parecía como si la planta pidiera ayuda a través de las sustancias químicas dispersadas por el aire, y como si las chinches no solo fueran capaces de detectar la señal de ayuda, sino que además respondieran a tan peculiar llamada prestándoles auxilio. Los resultados de este estudio mostraron que la depredación efectuada por las chinches sobre los gusanos del tabaco era entre 5 y 7 veces superior en aquellas plantas marcadas por los investigadores con los compuestos volátiles de origen vegetal que en aquellas otras que no lo habían sido.

La evidencia de una comunicación entre planta herida y animal depredador no se limita, ni mucho menos, a esta única experiencia. Por ejemplo, cuando la planta del maíz (*Zea mays*) se encuentra atosigada por la larva del cogollero del maíz (*Spodoptera frugiperda*) o por el gusano soldado (*Spodoptera exigua*), el vegetal responde liberando al entorno una serie de compuestos volátiles que atraen hacia ella a las avispas parásitas del género *Cotesia*, que darán buena cuenta de ambos tipos de orugas.[8] Pero incluso si el enemigo ataca a la planta escondido bajo la tierra —tal como acostumbra a hacerlo el gusano de la raíz del maíz (*Diabrotica virgifera*)—, el vegetal dañado también liberará sustancias que, aun dispersándose a través del suelo, avisarán a diferentes especies de nematodos ansiosos por alimentarse con un plato hecho a base de la sabrosa carne del herbívoro.[9]

Lo más interesante es que esta relación de cooperación entre vegetal y depredador no parece tratarse de una acción casual y de poca importancia, puesto que la propia selección natural ha ido poco a poco mejorándola y afinándola. Así, muchos depredadores pueden distinguir entre los diferentes volátiles que libera una planta según el herbívoro que en ese momento la esté atacando; o, lo que es lo mismo: pareciera que la planta sintetizara una mezcla de sustancias químicas diferentes en función del depredador al que necesita avisar. Por ejemplo: sabemos que el ácaro depredador (*Phytoseiulus persimilis*) responde a las sustancias volátiles emitidas por las hojas del manzano cuando estas están siendo parasitadas por la araña roja (*Tetranychus urticae*), su alimento preferido; en cambio, no da señales de vida cuando los volátiles que libera el manzano son diferentes, como los que emite al ser atacado por la araña roja de los frutales (*Panonychus ulmi*). Precisamente, podemos observar una respuesta inversa a las emisiones del manzano dañado en otra especie de ácaro depredador (*Amblyseius finlandicus*), que prefiere alimentarse de *P. ulmi* antes que de *T. urticae*.[10]

Visto lo visto, al final va a resultar que el comportamiento de mis alumnos es más común de lo que parecía, pues no solo se circunscribe al ámbito de los animales, sino que hasta las propias plantas —a las que algunos ven, erróneamente, como seres estáticos hechizados por Medusa—

son capaces de alzar la «voz» y comunicar un peligro a sus semejantes. No obstante, lo que me inquieta es el hecho de que mi sola presencia produzca en mis alumnos un efecto tan devastador como el que provoca el chacal en una suricata, o el de la urticante y peluda oruga en una planta de tabaco. Mas por ahora me limitaré a quedarme con la duda y esperar confiado a que a mis queridos alumnos no se les ocurra utilizar la otra estrategia que parecen haber desarrollado algunas plantas para combatir al enemigo: ¡llamar a su primo, el de Zumosol!

6

Gutiérrez, que le ven

¡Que no!, que no digo que las matemáticas, la historia o el latín no sean unas materias interesantísimas, que seguro que pueden llegar a resultar bien chulas e incluso entretenidas. Pero seamos sinceros: dentro de la enseñanza no universitaria, la niña bonita es la biología. Los profesores de ciencias naturales somos unos privilegiados, pues impartimos una asignatura por la que los alumnos no solo no sienten una aversión preconcebida, sino todo lo contrario, y es que se ven tremendamente atraídos por la mayoría de los contenidos que se desarrollan en ella. Las ciencias naturales poseen un grado de motivación intrínseco —tal vez porque todos somos testigos de las maravillas y de los interrogantes que constantemente nos brinda la naturaleza, y también por esa connatural biofilia que sentimos en mayor o menor medida— que ya quisieran para sí otras materias. De modo que muy malo tiene que ser un profe para que esta asignatura no ocupe un lugar de honor entre las preferidas por el alumnado al final del curso.

Seguramente, uno de los aspectos que hacen de las ciencias naturales una asignatura amigable sean todas esas actividades de naturaleza experimental que su estudio conlleva. Y es que no es lo mismo sentarte delante de un papel a solucionar una integral por partes o a traducir un interminable texto en latín sobre las desventuras políticas de un tal Lucius Catilina que diseccionar un ojo o un corazón en el laboratorio, extraer el ADN de las células de un tomate o salir al campo a reconocer plantas y animalitos. Es cierto que las actividades de campo, las prácticas de laboratorio o las visitas a entornos naturales resultan imprescindibles en el proceso de enseñanza-aprendizaje; y no solo por su destacado aspecto motivacional, sino también porque permiten ilustrar, con una claridad de la que ninguna otra estrategia sería capaz, la teoría trabajada en el aula. Pero no voy a pintar todo de color de rosa: las actividades experimentales en la docencia de las ciencias naturales también presentan inconvenientes. Y no me estoy refiriendo al tiempo que se necesita para planificarlas —aun sabiendo que nunca jamás salen como uno lo había previsto—, sino al hecho de que en muchas ocasiones los objetivos que se trataban de alcanzar con su implementación en el aula se terminan diluyendo en la mente del alumno como un azucarillo en agua. No soy capaz de recordar la de veces que, tras terminar una práctica de laboratorio con mis alumnos, me he dado cuenta de que algunos de ellos no es que no hayan entendido nada, sino que —¡mucho peor!— han extraído de la experiencia unas conclusiones completamente equivocadas. De modo que ya rara vez me sorprendo (aunque sí me preocupo, y mucho) cuando alguno de mis alumnos me pregunta de dónde saca el vinagre un volcán para entrar en erupción, cuando otro aparece con una bolsa llena de conchas del parque natural protegido que habíamos ido a conocer, o cuando varios de ellos ponen cara de susto al decirles que la lenteja que sembraron entre algodones se inclina hacia la ventana buscando la luz porque… la planta puede ver.

Precisamente la visión de las plantas es el tema que vamos a tratar en este capítulo. Y aunque a algunos de mis alumnos les pueda resultar sorprendente, la realidad es que es gracias a su excelente visión que la planta que adorna la mesa del profesor localiza sin problema el lugar en el que se sitúan la puerta y la ventana, discrimina si en el aula ya es de día o ha caído la noche, se da cuenta de si encendemos o apagamos la pizarra digital, e incluso es capaz de distinguir si en el póster que tenemos colgado en la pared de enfrente predominan los colores rojos y amarillos o los violetas y azules.

Las plantas ven estupendamente, y no solo los colores del espectro visible que percibe nuestro ojo, sino también otras regiones del espectro electromagnético pertenecientes al ultravioleta y al infrarrojo (y que los fotorreceptores de nuestra retina tienen vedadas). La capacidad visual de las plantas es algo que en modo alguno debería extrañarnos si tenemos en cuenta que, para los vegetales, conocer la dirección y la intensidad lumínicas, así como discriminar el tipo de luz que les llega, es imprescindible para su supervivencia. Y es que la luz influye tanto en la apertura de los estomas como en la floración de la planta y en la germinación de sus semillas, aunque fundamentalmente es su alimentación la que de ella depende.

En general, se nos hace difícil asimilar que las plantas sean capaces de ver porque sostenemos una idea demasiado restringida de lo que implica el proceso de la visión. Para nuestra especie, «ver» es sinónimo de elaborar imágenes complejas, y las plantas, carentes de sistema nervioso, no pueden crearlas de la misma manera en que las genera el sentido de la visión humana en nuestro cerebro. Lo que sí pueden detectar, en cambio, son diferentes intensidades luminosas y variedades de colores, que serán los elementos que conformarán su propia representación del entorno que las rodea. Y eso, estimados lectores, también significa ver.

Empíricamente —aunque solo sea por haber sembrado semillas de lenteja en el cole y haberlas visto crecer con sus escuálidos tallos inclinados hacia la claridad de la ventana—, siempre hemos sabido que las plantas se dirigen hacia la luz para optimizar su captura, lo que nos lleva a inferir que estos organismos pueden detectar la presencia o la ausencia de luminosidad. Pues resulta que un señor llamado Charles

Darwin —¿os suena?— corroboró la creencia generalizada de que las plantas detectan la luz, además de demostrar la enorme sensibilidad que posee la visión de los vegetales.

Para ello implementó un sencillo experimento: situó una serie de plantones de alpiste (*Phalaris canariensis*) dentro de una habitación oscura, a una distancia de algo más de tres metros y medio de la tenue luz de una lámpara.[1] La intensidad luminosa era tan escasa que el propio Darwin manifestaría que durante aquella experiencia apenas era capaz de distinguir las pequeñas plantas (y, desde luego, le era imposible leer los grandes números romanos del reloj situado en la pared). Pero a pesar de la escasa luminosidad, transcurridas 7 horas y 40 minutos, todas las plantas de *P. canariensis* habían curvado su tallo en dirección a la luz de la lámpara mediante un proceso que conocemos como «fototropismo».

Darwin ha pasado a la historia por su teoría de la evolución a través de la selección natural, pero lo cierto es que dedicó al menos tres décadas de su vida a estudiar las plantas con absoluta pasión. En un libro publicado en 1880 que llevaba por título *El poder del movimiento en las plantas*, Darwin (que fue un eminente pensador, pero también un excelente científico experimental) describió una multitud de experimentos que le permitieron determinar el lugar concreto en el que se localizan las células de la planta sensibles a la luz, que, a su vez, son las responsables del fototropismo que manifiestan los vegetales.

Lo cierto es que Darwin ya sospechaba que la sensibilidad a la luz (lo que podríamos, con muchas precauciones, llamar el «ojo» de la planta) se situaba en el extremo del tallo en crecimiento, junto a los cotiledones. Darwin había observado que la primera región de la planta en orientarse hacia la fuente luminosa era el extremo superior del tallo, y que solo después de que este empezara a doblarse, el resto del vegetal comenzaba a curvarse hacia la luz. Tal percepción le hizo pensar que era el ápice del tallo en crecimiento el lugar donde se localizaban los fotorreceptores que captaban la luz; y para comprobarlo tuvo la predecible idea de cortar el ápice de varias plantas y ver qué sucedía.

Efectivamente, aquellos plantones decapitados eran incapaces de detectar la presencia de la luz, de modo que la planta permanecía impasible ante el foco luminoso. No obstante, con el objetivo de confirmar estas apreciaciones iniciales, el gran científico implementó otras muchas experiencias. En una de sus investigaciones, colocó un fino pero opaco capuchón de estaño sobre una veintena de jóvenes plantones de *P. canariensis*, y, tras esperar las 7 horas y 40 minutos de rigor, observó que estos no se habían desplazado lo más mínimo de su posición inicial, ignorando la fuente luminosa: ¡estaban ciegos a la luz![2] Mas cuando situó otro capuchón sobre ellos (en este caso, de vidrio transparente que dejaba pasar la luz), pudo observar que a las pocas horas todos los plantones se habían girado hacia el foco lumínico. De esta forma, Darwin demostró que el ápice superior del tallo en crecimiento posee la capacidad para detectar cantidades de luz tan ínfimas que pasarían desapercibidas a nuestros ojos, y además dedujo que esta parte de la planta debía generar, como respuesta a la luz, una señal que viajaría tallo abajo y que provocaría que toda la estructura del vegetal se curvase poco a poco para orientar la planta hacia la fuente luminosa.

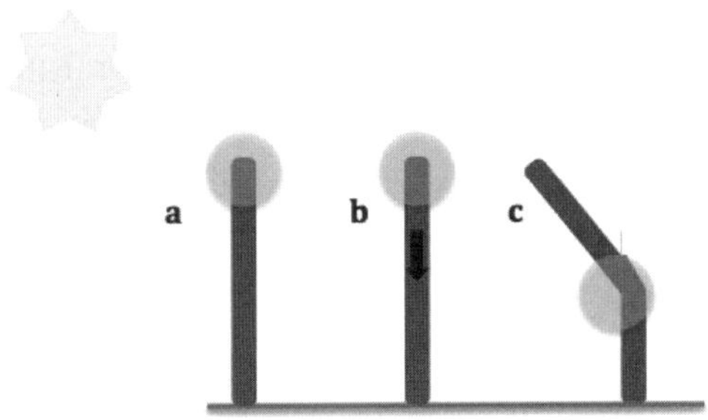

Etapas en el fototropismo positivo de una planta. La punta del tallo percibe la luz (***a***) y genera una señal que desciende a través del tallo en dirección a la base (***b***). Finalmente, la parte inferior del tallo en crecimiento se curva, dirigiéndose hacia la fuente luminosa (***c***).

Muy pocos años después de que Darwin localizara el lugar en el que situar el hipotético «ojo» del vegetal, el botánico Julius von Sachs descubrió que el fototropismo era una respuesta de la planta que solo aparecía cuando esta se exponía a la luz de color azul. Obviamente, en la luz natural que nos envía el Sol o en el resplandor emitido por una lámpara, la radiación correspondiente al color azul aparece combinada con el resto de colores, por lo que no puede ser utilizada en un experimento para discriminar si la planta responde a una u otra tonalidad. Por tal motivo, el científico alemán utilizó disoluciones de dicromato potásico y de un complejo amoniacal de cobre para preparar dos filtros que emitieran luz roja y luz azul, respectivamente. Exponiendo a las plantas de forma separada ante ambos tipos de luz, Von Sachs observó que aquellos individuos que habían estado bajo el influjo de la luz azul se orientaban hacia el foco emisor, mientras que los vegetales que recibieron la luz roja permanecían en su posición inicial sin mostrar rastro alguno de fototropismo.[3]

Ha pasado más de un siglo desde que se desarrollaron las experiencias de Darwin y Von Sachs en las que se estudiaba la respuesta de las plantas ante la luz, y durante el tiempo transcurrido desde entonces los científicos no se han quedado de brazos cruzados. Hoy día sabemos que los fotorreceptores implicados en el fototropismo vegetal son en realidad dos proteínas llamadas «fototropina 1» y «fototropina 2», y que, efectivamente, no se estimulan con cualquier tipo de luz, sino que solo perciben la radiación que se corresponde con la longitud de onda del color azul (entre 400 y 500 nanómetros [nm]).[4, 5]

Los científicos también han desentrañado el proceso por el cual la planta se curva hacia la luz durante el fototropismo, encontrando al responsable en unas hormonas vegetales denominadas genéricamente «auxinas» y cuyo principal representante es el ácido indolacético (IAA).[6] Estas fitohormonas desempeñan una enorme variedad de funciones fisiológicas en la planta, pero la multiplicación celular y el crecimiento de los tejidos es una de las más importantes.[7] Así, cuando la luz azul emitida por una fuente luminosa es percibida por la fototropina, esta se activa, desencadenando la acumulación de enormes cantidades de auxina en los tejidos de crecimiento del tallo del vegetal. Sin embargo, la distribución de las auxinas a lo largo del tallo no es equitativa: la mayoría se introducen en las células del lado sobre el que no incide la luz, lo que activa la expresión de diferentes genes que provocan un incremento de la división celular. De este modo se produce un crecimiento asimétrico en ambos lados del tallo: los tejidos del lado oscuro crecen más y más rápidamente que los de la parte iluminada, y, al hacerlo, la planta va inclinándose poco a poco hacia el lado contrario, es decir, hacia el foco luminoso.

Floreciendo en rojo

La experiencia de Von Sachs reveló el hecho de que las plantas no respondían ante la luz roja de la misma forma que lo hacían ante la luz azul, evidencia que puede llevarnos a pensar que las plantas son unos seres daltónicos, ciegos para algunos colores y, concretamente, incapaces de percibir el color rojo. Pero nada más lejos de la realidad: los vegetales poseen, al menos, cinco fotorreceptores capaces de detectar el color rojo, conocidos como «fitocromos». Por tanto, aunque solo sea por ese motivo, podemos intuir la importancia que este tipo de radiación debe de tener para las plantas. Y lo cierto es que así es, pues si la luz azul provoca el fototropismo de la planta, la luz roja le indica al vegetal si tiene o no que florecer, le informa de si está expuesto a plena luz o situado en zona de sombra, y detecta el momento idóneo para que las semillas abandonen el período de latencia y comiencen a germinar.

En primer lugar, hay que tener en cuenta que los fitocromos que perciben la radiación roja son proteínas que presentan —como los interruptores de la luz— dos conformaciones diferentes: el fitocromo rojo (P_R) y el fitocromo rojo lejano (P_{FR}). Aunque ambas absorben luz roja, cada una de ellas está especializada en un rojo de diferente longitud de onda. Los fitocromos en conformación P_R absorben la radiación roja de 660 nm (R), mientras que los fitocromos en estado P_{FR} captan la radiación correspondiente a los 730 nm, lo que se denomina «rojo lejano» (L).[8] Cuando un fitocromo en estado P_R absorbe luz roja, este pasa inmediatamente a la conformación P_{FR}; del mismo modo, cuando el fitocromo en estado P_{FR} capta la radiación correspondiente al rojo lejano, su conformación cambia a P_R.[9] Lo que no deja de ser un interesante aporte sobre fisiología vegetal, pero que para nada nos explica cómo la luz roja indica a la planta que debe florecer, o a sus semillas que ha llegado la hora de desperezarse y germinar. ¡Bueno! Vayamos paso a paso.

En segundo lugar, para poder entender este mecanismo tenemos que conocer un tipo de vegetales a los que se denomina «plantas de día largo» (PDL). A este grupo pertenecen todas aquellas plantas que para poder florecer necesitan que el número de horas de luminosidad supere en un determinado valor a la duración de la noche, como es el caso del trigo (*Triticum* spp.), las petunias (*Petunia* spp.) o los gladiolos (*Gladiolus* spp.). Se trata de plantas que florecen en verano, época en que las horas de oscuridad se minimizan y la luminosidad toma el protagonismo. El efecto que tiene la duración del día y la noche en la floración de las plantas se denomina «fotoperíodo», y, como nos podemos imaginar, está controlado por los fitocromos y la luz roja que estas proteínas absorben.

Finalmente, vamos a ver cómo se activa este proceso. Pensemos en las petunias, por ejemplo, que son plantas de día largo que tienen que florecer cuando llega el verano. ¿Cómo saben que el verano ya está aquí? Los humanos solíamos intuir la entrada del verano por los posados de *la* Obregón o por los salerosos anuncios de Iniesta y sus «Kalise-para-todos»; aunque lo cierto es que la llegada del calor y el hecho de que las horas de luz se dilaten también nos pueden aportar una pequeña pista del cambio de estación. Las petunias, que no saben de fútbol ni tienen interés en la prensa rosa, deben adivinar la llegada del verano recurriendo a la segunda alternativa: la duración del día y de la noche. Y, para ello, van a contar con la ayuda de la luz roja y de las diferentes conformaciones de los fitocromos que ellas mismas poseen.

Durante las horas de claridad del día, la mayor parte de la luz roja que incide sobre la planta lo hace en la zona del espectro correspondiente a 660 nm (R); de modo que la

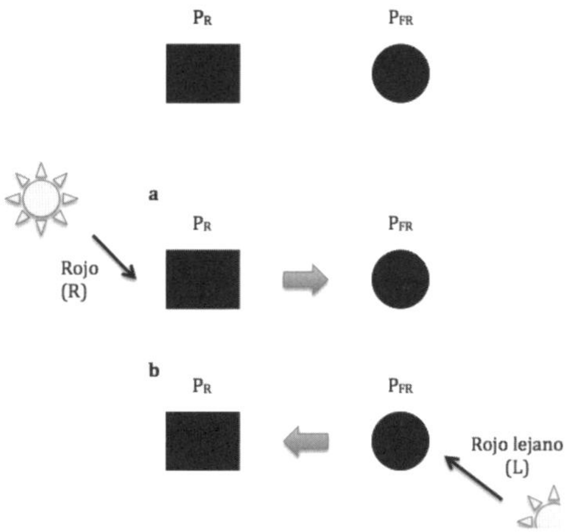

Representación de las conformaciones P_R y P_{FR} de los fitocromos. En la imagen superior se han representado las dos posibles conformaciones que presentan los fitocromos de una planta: fitocromo rojo (P_R), a la izquierda; y fitocromo rojo lejano (P_{FR}), a la derecha. En la parte inferior (***a***) vemos lo que sucede durante el día, cuando la mayor parte de la radiación roja que le llega a la planta pertenece a los 660 nm. En este caso, la conformación P_R absorbe el rojo (R) y se transforma en la conformación P_{FR}, que será la predominante durante las horas de mayor luminosidad. En la parte inferior (***b***) se ha representado el proceso que tiene lugar al ponerse el sol, cuando la mayor parte de la radiación que le llega a la planta lo hace a longitudes de onda de 730 nm dentro del rojo lejano (L). En este caso, la conformación P_{FR}, hasta entonces predominante, es la que absorbe la radiación y se transforma en la conformación P_R, que será la preponderante durante la noche.

conformación P_R de los fitocromos absorberá la radiación y pasará a transformarse en la conformación P_{FR}. Pero cuando el sol comienza a ponerse en el horizonte, los rayos que nuestro astro emite llegan más inclinados, y la luz roja se va desplazando hacia mayores longitudes de onda, por lo que en ese momento predominará la luz del rojo lejano a 730 nm (L). A partir de entonces, los fitocromos que se encontraban en estado P_{FR} absorberán la radiación y cambiarán su conformación a P_R. De este modo, podemos decir —simplificando notablemente— que la conformación P_{FR} de los fitocromos es la predominante durante las horas de luz, mientras que la conformación P_R prevalece a partir de la puesta del sol. Nuestras preciosas petunias sabrán que tienen que florecer cuando la conformación P_{FR} de sus fitocromos se mantenga (por encima de un valor crítico) durante más tiempo que la P_R, o, lo que es lo mismo: cuando los días se vayan alargando y llegue el verano.[10]

¡No me hagas sombra!

Los científicos han descubierto que los fitocromos responsables de detectar tanto el color rojo como el rojo lejano, más allá de intervenir en la floración, desempeñan otra importante función para las plantas.[11] Así, la diferente proporción entre las conformaciones P_R y P_{FR} de un vegetal también va a posibilitar que este perciba si alguna otra planta trata de hacerle sombra.

Desde luego, si hay una batalla que una planta debe ganarle a sus compañeras, esa es la que se establece en el vecindario por el acceso a la luz. Y a las plantas, con la luz, les puede suceder lo que a mí con el wifi: que el vecino se la piratee. El frustrante caso de la conexión que no tiraba cada vez que mi vecino volvía de vacaciones se solucionó fácilmente gracias a un sencillo programita que me instaló un amigo; pero ¿de qué modo una planta puede saber que otro vegetal está situando las hojas por encima de las suyas, robándole la luz que tanto necesita? Pues del mismo modo que la señal de internet que llegaba hasta mi casa se veía minimizada cuando el vecino decidía hacer uso de mi conexión para ver una peli de estreno, la señal luminosa que alcanza a una planta que está situada bajo la sombra de otra también se ve notablemente disminuida.

Lo cierto es que la radiación luminosa que llega hasta la planta situada a la sombra no decrece de forma homogénea en todas sus longitudes de onda, sino que lo hace especialmente en aquellas que la planta pirata absorbe para llevar a cabo la fotosíntesis, pero se mantiene prácticamente invariable en aquellas otras que no le interesan. Así, a la planta que ha quedado oculta bajo la sombra de otra solo le llegará un residuo de luz enriquecida en verde y rojo lejano: radiaciones que la planta vecina se ha limitado a reflejar —en vez de absorberlas— al no serle útiles para la fotosíntesis. Y será precisamente la diferencia entre la radiación que le llegaba en ausencia del vecino y la del que ahora le llega (y de forma más concreta, la diferencia entre la radiación perteneciente al rojo y la del rojo lejano) lo que permitirá a la planta saber que otro vegetal le está quitando parte de la tan necesaria luz solar.

El mecanismo es sencillo: la proporción de radiación perteneciente al rojo y al rojo lejano (R/L) que perciben los fitocromos de una planta se mantiene más o menos constante durante las horas luminosas del día. Si, de repente, la hoja de un vecino empieza a asomar por las alturas, la luz solar que llega hasta la planta que está situada por debajo habrá perdido gran parte de la radiación perteneciente al rojo (R), ya que esta ha sido absorbida en gran medida por las células de la planta pirata; pero no así la radiación del rojo lejano (L), que, al no serle útil, será reflejada por la hoja del vegetal. Al disminuir la cantidad de radiación roja (R) que detectan los fitocromos y mantenerse casi inalterada la correspondiente al rojo lejano (L), aquella idílica proporción que se mantenía constante cuando el vegetal no estaba a la sombra se habrá visto desplazada claramente hacia el rojo lejano (L); y esta evidencia, detectada a través de las conformaciones P_R y P_{FR} de los fitocromos, pone en alerta a la planta.

¡Vale! Ahora la planta ya sabe que una vecina le está quitando parte de la luz que necesita para vivir; no obstante, ¿qué puede hacer el pobre vegetal? Desde luego, la posibilidad de desahogarse mediante el arte del improperio o la alternativa de buscarse otro lugar más soleado alejado de los intrusos tenemos que descartarlas; de modo que a la planta solo le quedan dos posibilidades: adaptarse a la sombra o tratar de evitarla.

Hay plantas (como la *Alocasia macrorrhiza*) a las que, por desarrollarse en los estratos inferiores y oscuros de las selvas tropicales, no les ha quedado más remedio que adaptarse a la constante falta de luz, elaborando tácticas que van desde el simple incremento de la cantidad de clorofila que poseen sus hojas hasta la más compleja estrategia de desarrollar células epidérmicas con forma de lente, que enfocan y concentran en el tejido fotosintético la escasa luz que les llega. Sin embargo, la mayoría de las plantas no presentan tales adaptaciones a la falta de luz, y cuando se ven cegadas por otro vegetal lo que hacen es responder desarrollando un conjunto de comportamientos defensivos, que los botánicos parapetan dentro del llamado «síndrome de evitación de la sombra». Así, la presencia de una sombra induce en la planta un rápido alargamiento del tallo, la reorientación de las hojas en busca de un hueco libre por el que acceder directamente a la luz del sol, la inhibición de la germinación de sus semillas y una floración prematura que, ante la ausencia del imprescindible recurso que es la luz, al menos permita a la planta asegurarse la descendencia en la espera de un cambio favorable en las condiciones del medio.

En una experiencia desarrollada por el departamento de Botánica de la Universidad de Leicester, los investigadores sometieron a dos grupos de girasoles (*Helianthus annuus*) a diferentes condiciones de luminosidad.[12] Al primer grupo de girasoles se lo expuso a unas condiciones de luminosidad típicas de una planta que está ubicada bajo la sombra de otra, es decir, con una R/L muy decantada hacia el rojo lejano (L); mientras que al segundo grupo de girasoles, que actuaban como control, se lo mantuvo bajo unas condiciones normales de luminosidad. Transcurridas tres semanas, los girasoles del grupo control habían crecido 25 centímetros; sin embargo, los girasoles que se encontraban bajo condiciones que simulaban la sombra producida por otro vegetal habían manifestado en toda su intensidad el síndrome de evitación de la sombra, alargando su tallo hasta alcanzar una altura de más de… ¡un metro!

Cazando la luz

Parece increíble la cantidad de información que puede extraer una planta de su entorno a partir de su capacidad para percibir el color rojo y las variaciones que se producen en la proporción R/L que llegan hasta ella. Tal y como hemos visto, tanto las conformaciones P_R y P_{FR} en las que se presentan los fitocromos de la planta como su mecanismo de acción a modo de interruptor le permiten al vegetal conocer la estación del año en la que se encuentra, así como saber si está expuesto a pleno sol o si, por el contrario, otra planta comienza a competir con él al robarle parte de la luz. Bueno, pues algunos científicos empiezan a considerar seriamente que los fitocromos conforman una extraordinaria herramienta que algunas plantas utilizan para localizar a otro vegetal y… ¡darle caza!

Las plantas del género *Cuscuta* son unos vegetales muy especiales, básicamente porque no cumplen con casi ninguno de los requisitos que normalmente consideramos condición *sine qua non* en una planta.[13] Ninguna estructura en las *Cuscuta* es de color verde, pues carecen de cloroplastos y clorofila y no tienen hojas, de modo que son incapaces de llevar a cabo la fotosíntesis. Además, esta planta solo presenta raíz durante sus primeros días de existencia, y la pierde para siempre cuando ha dado caza a una presa con la que alimentarse. Al no poder realizar la fotosíntesis, las *Cuscuta* trepan sobre el tallo de otro vegetal, introduciendo, a modo de pajitas en un refresco, unas estructuras llamadas «haustorios» en los vasos liberianos de su hospedador. Alimentándose cual vampiro de la savia elaborada de otro, las *Cuscuta* no necesitan raíz ni hojas, y mucho menos invertir recursos para hacer la fotosíntesis. Pero esta planta parásita tiene una importante limitación: si la semilla germina y no es capaz de localizar a su alrededor a un vegetal que la sustente en pocos días, la planta morirá sin remedio y, lo que es peor, sin descendencia. Durante mucho tiempo los científicos han especulado con la posibilidad de que las *Cuscuta* localicen una planta a la que parasitar percibiendo, a través del aire, las sustancias volátiles que esta emite; pero en los últimos tiempos una nueva hipótesis ha empezado a cobrar inusitada fuerza: parece ser que este género de plantas localiza a sus presas no porque las huela, sino porque las ve.

En realidad, el mecanismo que utilizan las *Cuscuta* para detectar a una posible víctima es el mismo que emplean las plantas para saber que otra les está haciendo sombra: la variación en la proporción entre la radiación roja y la radiación del rojo lejano (R/L) que les llega. Ya hemos visto anteriormente que, cuando una planta hace la fotosíntesis, absorbe y utiliza la radiación de color rojo, y emite la radiación en el rojo lejano, pues esta le sirve para poco. Así, cuando la planta parásita germina cerca de un vegetal que está haciendo la fotosíntesis, las dos conformaciones que presentan sus fitocromos le permiten detectar un descenso en la radiación de color rojo (R) y una variación significativa en la proporción R/L, y, de ese modo, localizar con precisión a su presa. Curiosamente, cuanto más eficaz sea la víctima en la implementación de la fotosíntesis —y, por tanto, constituya un mejor bocado para las *Cuscuta*—, más se desequilibrará la luz que emita hacia el rojo lejano (L). De hecho, en una investigación se trató de conocer si la especie *Cuscuta campestris* era capaz de distinguir entre dos hojas con diferentes niveles de clorofila y, en consecuencia, de elegir entre dos plantas con diferente capacidad fotosintética.[14] Para ello, los investigadores hicieron germinar plantas de *C. campestris* a una misma distancia entre las dos hojas, y el 60 % de las veces la planta parásita elegía la hoja más verde, que más desequilibraba la proporción R/L hacia el rojo lejano y que, por tanto, era más eficaz desarrollando la fotosíntesis y una mejor elección como presa para la planta parásita.

Después de toda esta teoría, dudo que nadie pueda rebatir aún la evidencia de que las plantas no solo ven, sino que además ven estupendamente. Pero por si acaso alguno permanece enrocado en la desconfianza —oye, ¡que el escepticismo es una virtud que escasea en estos tiempos!—, podemos aportar un último dato esclarecedor. Los humanos tenemos cuatro tipos de receptores para la luz en nuestra retina: los conos rojo, verde y azul, que nos permiten discriminar los colores; y los bastones, a través de los cuales percibimos las formas en la oscuridad. Las plantas, en cambio, poseen en cualquiera de sus células trece fotorreceptores que les permiten ver desde algunos rangos del espectro ultravioleta, pasando por el visible y hasta el infrarrojo cercano.[15] Pese a ello (y para tranquilizar a mis alumnos), tengo que confesar que, aunque la planta que siempre me acompaña en la mesa del profesor ve muchas cosas —muchas más que yo—, nunca podrá chivarme nada.

7

Recuerdos vegetales

Como ya dijera el personaje de un popular sainete lírico: los tiempos cambian que es una barbaridad. Desde luego, a cualquiera que tenga la suficiente edad como para sentir las dolorosas y traicioneras punzadas con las que la nostalgia nos oprime el alma cuando volvemos la mirada hacia el pasado no le quedará otro remedio que conceder toda la veracidad a la afirmación cantada por el rijoso de don Hilarión en *La verbena de la Paloma*. Mas, si hay un contexto de la vida humana en el que el tiempo no solo modifica rápidamente la realidad, sino que además lo hace a la velocidad de la luz, ese es el ámbito en el que opera la pedagogía.

Reconozco que la época de aquella enseñanza cimentada a base de golpes de vergajo y de intragables raciones de memoria a palo seco —sí, aquella que hacía honor a la famosa expresión de «la letra con sangre entra»— tan solo me pilló de refilón a través de los capones que generosamente me regalaba don Florencio. Pero también admito que esta técnica ha hecho que hoy, transcurridas más de tres décadas, todavía sea capaz de recitar las preposiciones de pe a pa, enunciar de carrerilla (y de norte a sur y de este a oeste) los ríos de la Península, y recitar como una cotorra irreflexiva los poemas de Góngora y de Espronceda. Eso sí, acompañando el «viento en popa a toda vela» con un permanente reflejo pavloviano que me hace encogerme de forma grotesca de hombros y bajar la cabeza, mientras temerosamente guiño los ojos con fuerza.

Por suerte, todas aquellas metodologías ya pasaron a la historia. En la actualidad, los profesores implementamos en el aula múltiples estrategias tratando de promover un aprendizaje motivador y significativo en el que sea el alumno —y no el castigo ni la simple memorización— el protagonista. Obviamente, en la enseñanza contemporánea cualquier coacción física o verbal no tiene cabida, como tampoco debería tenerla la retención irreflexiva de contenidos (¿qué sentido tiene engullirlos antes del examen con el único propósito de poder vomitarlos sobre el papel, y después terminar olvidándolos como haríamos con una mala resaca?). Pero ¡ojo!: eso no implica que debamos renunciar a la memorización. La memoria constituye un mecanismo cognitivo básico, muy útil para llevar a cabo cualquier tipo de aprendizaje e imprescindible para poder desenvolvernos con ciertas garantías de éxito en nuestro entorno, pues nos permite fijar procedimientos, retener datos y rememorar eventos pasados. La capacidad para codificar, almacenar y recuperar información es tan importante para la supervivencia de un individuo que todos los seres vivos —de una u otra forma y en diferentes niveles de complejidad— han terminado por desarrollarla. Y, por supuesto, los vegetales no iban a ser la excepción.

Es normal que la afirmación de que las plantas son capaces de elaborar recuerdos nos resulte, cuando menos, extravagante, y probablemente se deba a que de un modo general tendemos a asumir que la competencia para recordar un evento está indisolublemente unida a un proceso de interacción y modificación neuronal, para lo cual es imprescindible disponer de un sistema nervioso. Sin embargo, pensar que la memoria es exclusiva de aquellos organismos que poseen neuronas o que disponen de un cerebro constituye un error garrafal de simplificación: solo tenemos que mirar en nuestro interior para darnos cuenta de ello.

Nuestro propio sistema inmunológico tiene la capacidad de reconocer los patógenos con los que en el pasado ha tenido un encontronazo, y, con base en esa memoria, responder más vigorosamente ante una segunda infección. Y ni que decir tiene que la memoria ligada a nuestras defensas —la misma en la que se fundamenta el rotundo éxito de las vacunas— no se crea a partir de complejas redes neuronales, sino de unas simples proteínas que llamamos «anticuerpos». De un modo similar, las plantas carecen de sistema nervioso y no poseen circuitos neuronales en los que fijar sus recuerdos, pero utilizan otras eficaces estrategias para retener eventos sucedidos en el pasado y, en función de ellos, responder a las contingencias que les pueden surgir en el presente. Curiosamente, los científicos han descubierto un tipo de memoria vegetal que presenta ciertas similitudes con la memoria inmunológica de los animales.

En un reciente estudio, se analizaron los recuerdos que las plantas son capaces de elaborar y conservar tras una situación estresante, y se trató de comprobar si esta hipotética memoria podría ayudar a la planta a responder más eficazmente ante un segundo episodio de estrés.[1] Para ello, los investigadores utilizaron dos grupos de gramíneas —control y experimental— pertenecientes a la especie *Arrhenatherum elatius*, a las que castigaron dos semanitas sin agua. El grupo control estaba formado por plantas que solo habían sufrido un episodio de sequía, mientras que los componentes del grupo experimental no tuvieron tanta suerte: ocho semanas después de la primera sequía, una vez ya habían vuelto a crecer, se las sometió a una segunda situación estresante en forma de otros dieciséis días sin agua y al sol.

Los investigadores descubrieron que las plantas del grupo experimental no solo no parecían arrastrar ninguna secuela del primer incidente, sino que, por el contrario, habían respondido mucho más eficazmente ante el segundo período de forzada falta de agua. Además, los ejemplares de *A. elatius* sometidos a dos sequías presentaban un porcentaje de biomasa vegetal muerta muy inferior al de las plantas del grupo control. A partir de esos resultados, los científicos llegaron a la conclusión de que esta gramínea genera una memoria para la falta de agua después de sufrir una primera situación estresante, que puede retenerla durante largo tiempo y que le permitirá responder más rápida y eficazmente ante un segundo episodio de sequía.

Oye, ¿y esta historia no os resulta familiar? Pues debería, porque precisamente de este modo funciona nuestra memoria inmunológica. Ante un primer contacto con el patógeno, los linfocitos sintetizan anticuerpos específicos contra dicho patógeno, que activan el sistema inmunológico y, si hay suerte, terminan con la infección. Pero una vez finalizado este primer episodio, en nuestro organismo se mantienen algunos linfocitos capaces de reconocer al responsable de aquella primera infección: los linfocitos de memoria. De modo que cuando el agente infeccioso vuelva a intentar una segunda infección se encontrará con los linfocitos de memoria dispuestos a sintetizar inmediatamente los anticuerpos específicos, y la respuesta de nuestras defensas será mucho más rápida, intensa y eficaz.

Los investigadores aún no han llegado a elucidar con exactitud dónde reside la memoria de estrés a la sequía que manifiestan estas plantas, pero conjeturan con la posibilidad de que, al igual que sucede con la memoria inmunológica de los animales, se trate de proteínas que la planta sintetiza y acumula como respuesta a la prolongada falta de agua.[2] No obstante, la ciencia sí ha sido capaz de revelar completamente los mecanismos que subyacen bajo otro tipo de memoria que poseen los vegetales, y que nos va a permitir entender las diferentes estrategias que utilizan las plantas para recordar ciertos eventos sin necesidad de contar con un sistema nervioso.

Creciendo en los suelos pobres de algunas zonas pantanosas del continente americano encontramos a la más famosa de entre las plantas carnívoras, que hace gala de una memoria que le permite recordar un evento durante la friolera de... 20 segundos (al más puro estilo Dory).[3] La venus atrapamoscas (*Dionaea muscipula*) debe conseguir, extrayéndolos de los pequeños animales a los que atrapa, algunos de los nutrientes que necesita para realizar la fotosíntesis pues estos escasean en el suelo sobre el que se desarrolla el vegetal. Para ello, posee una hoja con un diseño especial en forma de cepo, que se cierra como un libro sobre su presa cuando esta toca los pelillos sensitivos situados en su superficie. La trampa de la *D. muscipula* solo se cerrará sobre el insecto si este toca los pequeños apéndices de la planta en dos ocasiones diferenciadas, y siempre dentro de un intervalo que no supere los 20 segundos. De este modo, la planta carnívora es capaz de recordar un evento —el primer contacto con el insecto— durante unos pocos segundos. Y eso, queridos lectores, se conoce como memoria a corto plazo.

Los científicos no solo están seguros de que algunas plantas la poseen, sino que también han logrado desentrañar el proceso en el que se fundamenta esta singular capacidad retentiva del vegetal.[4] El cierre de la hoja modificada de la venus atrapamoscas es un proceso de todo o nada: la hoja de la planta carnívora se cierra o no se cierra, pero nunca se queda entornada. Para que las dos partes de la hoja se cierren, es necesario que se genere una señal eléctrica, y esta señal está mediada por el incremento de la concentración del catión calcio (Ca^{2+}) en el interior de las células de la hoja.

El estímulo producido por el contacto de la presa con uno de los pelillos de la trampa vegetal se manifiesta en la entrada de Ca^{2+} en el interior de las células, mas esta cantidad no es suficiente para alcanzar el umbral de activación que provocaría el cierre de las dos partes de la hoja. Para que esto suceda, tiene que llegar un segundo estímulo en forma de contacto con los mecanorreceptores de otro pelillo, lo que originará el flujo de más iones Ca^{2+} hacia el interior de la célula. La suma de las cantidades de Ca^{2+} que se habrán alcanzado en el interior celular debido a los dos estímulos, por tanto, sobrepasará el umbral de activación, a partir de lo cual se generará una corriente eléctrica que provocará que las dos partes de la hoja se cierren sobre la presa.

Sin embargo, en el intervalo de tiempo comprendido entre el primer y el segundo contacto, los iones de Ca^{2+} que se introdujeron en las células de la hoja tras el roce con el primer pelillo las van abandonando poco a poco. Así, transcurridos más de 20 segundos, la cantidad de este ion que quedará en la célula será insuficiente para alcanzar el umbral de activación. En otras palabras: pasados 20 segundos sin que se produzca una segunda interacción del insecto con los pelillos de la hoja, la planta se habrá olvidado del primer contacto y, por ende, su hoja no se plegará.

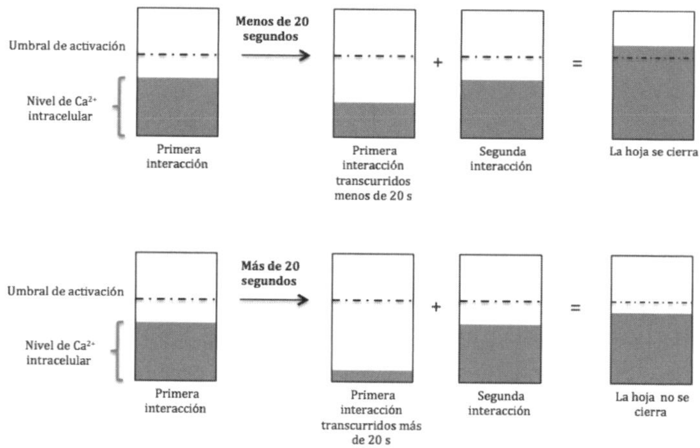

La parte superior de la imagen representa el proceso de cierre de las dos valvas de la trampa de la *Dionaea muscipula*, debido a que la interacción de la presa con dos mecanorreceptores (pelillos de la hoja) se ha producido dentro de un intervalo de tiempo inferior a los 20 segundos, lo que significa que la planta todavía recordaba el primer contacto (elevado nivel de Ca^{2+} intracelular) en el momento de recibir el segundo. La parte inferior representa un episodio en el que la hoja-trampa de la *Dionaea muscipula* no se cierra. Al haber transcurrido más de 20 segundos entre la primera y la segunda interacción de la presa con los mecanorreceptores de la planta, esta ha olvidado el primer contacto (muy bajo nivel de Ca^{2+} intracelular). Así, al recibir el segundo estímulo, los niveles intracelulares de Ca^{2+} no han alcanzado el umbral mínimo para que la trampa se cierre. Simplemente de la memoria a corto plazo de *Dionaea muscipula* se ha borrado el primer contacto.

No te enrolles todavía

En las plantas, la memoria a corto plazo es un evento mucho más frecuente de lo que nos podemos imaginar. De hecho, incluso uno de los vegetales más corrientes y habituales en nuestros campos de cultivo, la planta del guisante (*Pisum sativum*), es capaz de elaborar recuerdos que persisten en su memoria durante casi dos horas. Pero antes de abordar el mecanismo que utiliza la *P. sativum* para recordar un acontecimiento, necesitamos conocer algunos aspectos más respecto al grupo de plantas al que pertenece este vegetal. Y es que la planta del guisante se engloba dentro de las denominadas «plantas trepadoras»; vegetales que, como si de Spider-Man se tratara, poseen la capacidad para encaramarse sobre el tronco de los árboles, escalar muros y paredes o encumbrarse hasta lo más alto de la valla para echar un vistazo en el patio del vecino. Solo que estas plantas no lanzan chorros de tela de araña hacia la superficie a la que se quieren agarrar, sino que forman unas estructuras llamadas «zarcillos» que proceden del alargamiento y la modificación de las hojas (como sucede en la *P. sativum*) o del tallo (en el caso de la vid, *Vitis* spp.).

Cuando los zarcillos de una planta trepadora entran en contacto con un objeto, estos comienzan a enrollarse alrededor de él en un proceso denominado «tigmotropismo». El lado del zarcillo que incide directamente sobre el objeto detiene su crecimiento, al mismo tiempo que el lado opuesto continúa con su rápido desarrollo, lo que provoca que el zarcillo se retuerza y se enrolle en espiral alrededor del objeto al que está tocando. El crecimiento diferencial entre ambos lados del zarcillo de una planta trepadora, que le permite asirse a una superficie, es debido a la actuación de una conocida hormona vegetal: el etileno.

El etileno es una molécula volátil que las plantas sintetizan con el objetivo de controlar procesos fisiológicos, como la senescencia y la caída de las hojas, o la maduración de algunos frutos. Así, plátanos, manzanas o tomates comienzan a madurar de forma irreversible en el instante en que sus tejidos fabrican etileno; o también cuando llega hasta ellos el etileno liberado a la atmósfera por un fruto cercano. Y es que, cuando un fruto comienza a madurar, el etileno que se desprende de este provoca una cascada de maduraciones entre el resto de frutos del árbol, y el proceso culmina con la maduración casi simultánea de todos ellos. La maduración al unísono de los frutos de un árbol resulta beneficiosa para el vegetal, pues todo un árbol repleto de fruta madura se transforma en una atractiva señal capaz de cautivar eficazmente a los animales frugívoros, que, tras un buen banquete, se van a encargar de dispersar las semillas. Sin embargo, la inducción de la maduración de otras frutas provocada por la presencia de un solo fruto maduro no siempre resulta ser tan positiva; o, al menos, no lo es cuando este fenómeno, en vez de desarrollarse en el árbol, lo hace dentro de nuestras cocinas. El etileno liberado por una fruta madura promoverá la maduración en otras compañeras con las que comparte hogar en el frutero de la cocina, lo cual provocará que, si nos descuidamos, en poco tiempo todas ellas estén demasiado pasadas para ser consumidas. Aunque esto no siempre es así: solo los denominados frutos climatéricos maduran como respuesta a la presencia del etileno; por el contrario, los frutos no climatéricos (entre los que se encuentran las uvas, las naranjas o las fresas) son «sordos» a la presencia de este gas. Así, el etileno liberado por un plátano demasiado maduro, por ejemplo, no afectará en absoluto al grado de maduración de este segundo tipo de frutos.

Dejando a un lado el importante proceso de la maduración del fruto e incluso la senescencia foliar, el etileno desempeña otra importante función en los vegetales: promueve el desarrollo en grosor de la planta, a la vez que inhibe su crecimiento en altura. Crecer menos en longitud y aumentar en anchura no es una decisión que resulte demasiado saludable para los humanos, pero sí puede ser una estrategia tremendamente útil a la hora de minimizar el impacto negativo que tiene la acción constante del viento sobre algunos vegetales. Pero es que, además, la capacidad del etileno para inhibir el crecimiento longitudinal resulta ser la clave para que las plantas trepadoras enrollen sus zarcillos y trepen por los muros. De esta manera, las células del lado del zarcillo que entra en contacto directo con un objeto al que la planta quiere agarrase sintetizan importantes cantidades de etileno, que detendrán su crecimiento longitudinal. Por el contrario, el lado de este mismo zarcillo que no contacta con el objeto no va a fabricar etileno, por lo que su proceso de desarrollo seguirá su curso y crecerá mucho más rápidamente. El resultado: el zarcillo se enrollará en torno al objeto como lo hace una pitón hambrienta alrededor del cuello de su presa.

Bueno, ahora sí: considero que ya sabemos lo suficiente sobre las plantas trepadoras para —¡por fin!— entender cómo funciona la memoria a corto plazo de la planta del guisante; y para explicarlo voy a recurrir a un famoso experimento que se desarrolló en la década de 1970.[5] En aquella célebre investigación se cortaron los zarcillos de varias plantas de *P. sativum*, que los investigadores procedieron a tocar sin ningún miramiento y a plena luz. Se observó que,

En el proceso de formación de un zarcillo, es clave la síntesis de etileno que inhibe el crecimiento longitudinal en uno de sus lados.

tras recibir el estímulo mecánico, estas estructuras comenzaban inmediatamente a enrollarse formando una especie de bobina vegetal que denotaba el proceso típico de tigmotropismo que presentan las plantas trepadoras. En la siguiente fase de la investigación, varios zarcillos de *P. sativum* fueron mantenidos en condiciones de total oscuridad durante tres días; y cuando los investigadores los estimularon mecánicamente, estos no modificaron un ápice su estructura, ni tampoco se enrollaron tal como lo habían hecho en condiciones de luminosidad. No obstante, el hecho más sorprendente de esta experiencia llegó en la tercera y última fase, justo en el momento en que los investigadores expusieron a la luz los zarcillos que previamente habían tocado en la oscuridad. Bajo las nuevas condiciones de luminosidad, todos los zarcillos de *P. sativum* parecían recordar el contacto que habían recibido cuando las luces estaban apagadas, pues inmediatamente comenzaron a enrollarse alrededor de un eje imaginario. Y no es que «pareciesen» recordar, sino que sin duda los zarcillos eran realmente capaces de acordarse del estímulo mecánico que habían recibido en la oscuridad por parte de los investigadores… ¡hasta 120 minutos después de haber sucedido!

Anteriormente hemos visto que el proceso de tigmotropismo que se manifiesta con el bobinado de los zarcillos implica la acumulación de etileno en el lado del zarcillo que ha recibido el estímulo mecánico; mas ahora también sabemos que el contacto *per se* no desencadena la síntesis de etileno ni el enrollamiento del zarcillo. Para que las células del vegetal fabriquen el etileno que provoca el bobinado del zarcillo, es necesario que se produzcan dos procesos: el estímulo mecánico y la presencia de luz. Pero, tal como la experiencia anterior había demostrado, no es imprescindible que ambos procesos se desarrollen de manera simultánea: la planta es capaz de recordar el estímulo mecánico durante un par de horas antes de olvidarlo; de modo que si en el transcurso de ese tiempo la luz incide sobre la planta, el etileno se sintetizará y el zarcillo se enrollará.

Pero ¿dónde reside la memoria que permite recordar a la planta un estímulo mecánico? Está claro que el recuerdo no se fija en conexiones neuronales, pues la planta carece de este tipo de células, y tampoco se genera con base en diferencias de concentración de Ca^{2+} tal y como sucede con la fugaz memoria de la *Dionaea muscipula.* No: los científicos creen que las células de los zarcillos de la *P. sativum* almacenan la información del estímulo mecánico en las membranas de sus orgánulos celulares. Los investigadores compararon la composición química de estas membranas entre las células de los zarcillos que habían recibido un estímulo mecánico y las de los que no lo habían hecho, y lo que encontraron fue una enorme variación en la composición de los fosfolípidos que constituyen las membranas. Así, podemos concluir que es la diferente composición en fosfolípidos de membrana la estrategia memorística que permite a las células del zarcillo recordar durante un tiempo el estímulo mecánico que han recibido.[6]

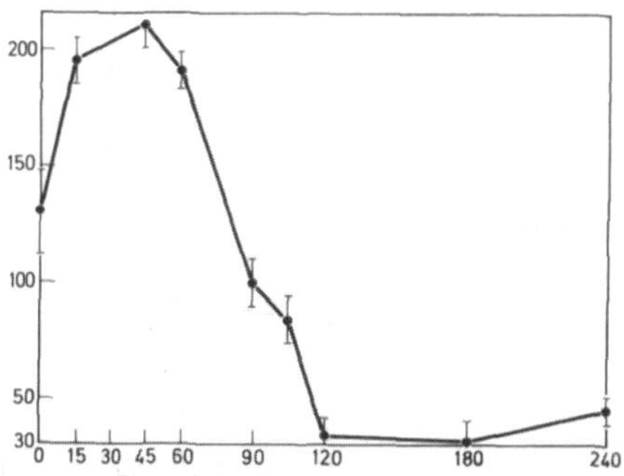

La gráfica representa la curva de memoria del zarcillo de una planta de guisante (*Pisum sativum*). En el eje de ordenadas se ha representado el grado de bobinado del zarcillo, mientras que en el eje de abscisas se muestra el tiempo (en minutos) transcurrido entre el contacto mecánico con el zarcillo y el momento en que se lo expuso a la luz. Como se puede observar, la planta ha retenido en la memoria el suceso casi hasta las 2 horas (120 minutos), momento en el que lo ha olvidado, aunque a partir de los 45-50 minutos el bobinado y su eficacia ya han empezado a disminuir. Imagen modificada de Jaffe, 1980, p. 488.

Crónicas de un invierno pasado

Las experiencias anteriores nos han mostrado que las plantas poseen una memoria a corto plazo —similar a la que a mí me permite recordar durante unos instantes un número de teléfono o el nombre de una persona a la que me acaban de presentar—, pero ¿pueden los vegetales recordar eventos durante mucho más tiempo? Es decir: ¿poseen las plantas una memoria a largo plazo que les permita rememorar situaciones acaecidas mucho tiempo atrás? Pues lo cierto es que múltiples investigaciones nos vienen a confirmar que así es. Y no es que las hortensias que tengo en el jardín vayan a recordarme la fecha de mi aniversario —lo cual, dicho de paso, me evitaría cada año más de un disgusto—, básicamente porque para ellas tal acontecimiento carece de importancia. Las plantas recordarán eventos que sean relevantes para su supervivencia, sucesos lejanos del tipo: ¿en qué momento terminó el invierno?, ¿qué ocurrió durante la última sequía?, ¿cuándo aconteció la última ola de calor?...

De igual modo que para nosotros resulta imprescindible recordar ciertos acontecimientos relevantes de nuestra existencia, para algunas plantas es de crucial importancia recordar si el invierno ya ha pasado o si todavía está por llegar. Las plantas que prosperan en entornos donde el verano es muy corto necesitan empezar a florecer tan pronto como el invierno toque a su fin, si es que quieren tener tiempo para echar los frutos y liberar sus semillas. La dificultad estriba en que estos vegetales deben atinar con precisión al momento en el que comienzan a florecer, puesto que, si lo hacen demasiado tarde, con una primavera y un verano tan efímeros no tendrán tiempo para reproducirse; y si, por el contrario, se precipitan y florecen cuando el invierno aún no ha terminado, sus flores se echarán a perder y la planta también habrá fracasado en su objetivo de reproducirse. Ante tal presión selectiva, la evolución ha dotado a las plantas que se desarrollan en este tipo de climas de un eficaz proceso llamado «vernalización», que les permite asegurarse de que el invierno ya ha terminado antes de que empiecen a florecer.

La vernalización implica que ciertas plantas, si quieren llegar a florecer, deben atravesar obligatoriamente una transición por las bajas temperaturas que caracterizan el invierno; de no ser así, sus flores nunca llegarán a brotar. La vernalización constituye una estupenda estrategia para evitar florecer en medio del invierno, ya que solo cuando este haya finalizado el vegetal podrá comenzar con su reproducción. Sin embargo, existe un inconveniente en este proceso, y es que el hecho de que las bajas temperaturas del invierno hayan desaparecido no implica que las condiciones ambientales (luz, temperatura, humedad, etc.) sean las adecuadas para florecer. Esta afirmación puede resultar confusa, pero una investigación desarrollada hace más de 50 años puede ayudarnos a entenderla.[7]

Con el objetivo de estudiar el proceso de la vernalización, los investigadores utilizaron varios ejemplares de una planta con la que fácilmente nos toparemos paseando por los caminos rurales y que —equivocadamente, porque es muy venenosa— en la antigüedad fue empleada como afrodisíaca: la hierba loca (*Hyoscyamus niger*). Esta planta es de las que necesitan un proceso de vernalización para poder florecer, por lo que los investigadores la sometieron a bajas temperaturas —a modo de simulación del crudo invierno— para, posteriormente, exponerla a condiciones de luminosidad que no se correspondían con su fotoperíodo. A pesar de haber pasado por las condiciones climáticas que simulaban un invierno, la planta no llegaba a florecer, y esto era debido a que el resto de parámetros ambientales (en este caso, el fotoperíodo) no eran los más adecuados. Pero cuando, posteriormente, estas plantas fueron expuestas a condiciones de luminosidad más apropiadas, los ejemplares de experimentación de *H. niger*, recordando que el invierno ya había pasado, florecieron en todo su esplendor.

La anterior experiencia nos muestra que las plantas son capaces de retener durante muchísimo tiempo el recuerdo de haber transitado a través de un invierno, y que logran hacerlo hasta el momento en el que el resto de condiciones ambientales son las adecuadas para florecer. Además, otros investigadores han conseguido desentrañar el mecanismo en el que se fundamenta la memoria a largo plazo relacionada con la vernalización que posee una de las plantas más habituales en los laboratorios de todo el mundo, la *Arabidopsis thaliana*, localizando el baúl donde guarda sus recuerdos en el gen *FLC*.[8, 9, 10]

En condiciones normales, el gen *FLC* expresa una proteína que impide la floración de la *A. thaliana*, y, como este gen se está expresando continuamente, la planta no puede florecer. Sin embargo, cuando llegan las bajas temperaturas del invierno, las células de la planta comienzan a sintetizar una proteína que impedirá que el gen represor *FLC* se exprese, a consecuencia de lo cual la floración dejará de estar inhibida.[11] Es como si antes de la llegada del invierno el interruptor de la floración estuviera apagado, pero durante el transcurso del invierno se fuera encendiendo poco a poco en cada una de las células del vegetal, hasta que, una vez concluida la más fría estación del año, la inmensa mayoría de las células tuvieran reprimido el gen *FLC* y la floración estuviera preparada para comenzar. Pero, tal y como hemos visto con anterioridad, que la floración esté lista para comenzar no quiere decir que se vaya a producir en ese mismo instante. Para que la *A. thaliana* florezca, además de la inactivación del gen represor *FLC*, será necesario que el resto de condiciones ambientales sean las adecuadas; y, para que esto suceda, puede que tenga que transcurrir un largo período de tiempo desde el momento en que el invierno haya concluido. No hay problema: aunque la planta continúe creciendo durante la espera de dichas condiciones, todas las nuevas células hijas que se irán formando recordarán el invierno que ya pasaron sus progenitoras. Esta memoria intergeneracional que se da

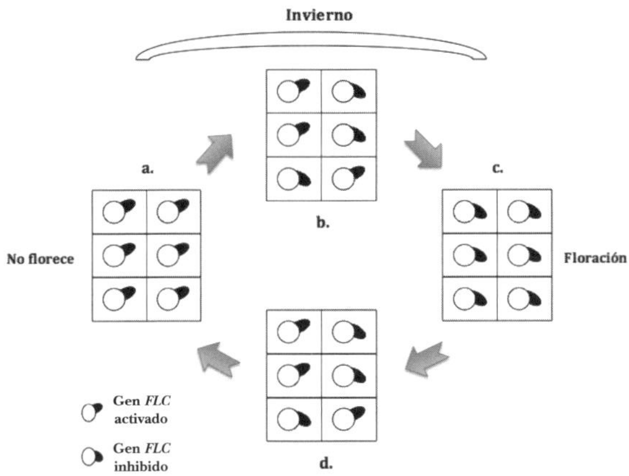

Proceso de activación-inhibición del gen *FLC* y mecanismo de memoria a largo plazo. Cada una de las celdillas simula una célula del vegetal con su correspondiente gen *FLC* activado o inhibido. En la etapa ***a***, antes de llegar el invierno, podemos ver que los genes *FLC* de todas las células de la planta están activos, por lo que la floración no se puede producir. En la etapa ***b***, ya entrado el invierno, varias de las células han comenzado a desactivar el gen represor *FLC* como consecuencia de las bajas temperaturas, mientras que otras todavía lo mantienen activo. Debido a que no hay un número elevado de células que hayan desactivado el gen *FLC*, la floración aún no se puede producir. Una situación similar a esta es la que se daría si antes de llegar el invierno la planta sufriera algunos días de bajas temperaturas, pues podría comenzar la floración al percibir erróneamente que el invierno ya pasó, y eso podría comprometer su descendencia. Por suerte, lo que suele suceder en estos casos es que la temperatura finalmente vuelve a subir, a raíz de lo cual las células que habían desactivado el gen *FLC* lo reactivarán, y la planta sabrá que simplemente se trataba de unos días fríos que no pertenecían al largo invierno. En la etapa ***c***, cuando ya ha transcurrido todo el invierno, la inmensa mayoría de las células del vegetal tendrán el gen *FLC* desactivado. Ahora, sí: si el resto de condiciones ambientales son adecuadas, la planta florecerá. Si no fuera así, las células de la planta mantendrían el gen *FLC* inhibido (recordando que el invierno ya ha pasado) hasta que las condiciones fueran aptas para que la planta pudiera florecer. Este estado conforma la memoria a largo plazo de la planta. En la etapa ***d***, una vez la planta ya ha florecido, elaborado sus frutos y dispersado las semillas, podemos ver el inevitable episodio del olvido. La planta florecida debe olvidar el invierno pasado para centrarse en el siguiente, y para ello va activando poco a poco el gen *FLC* de sus células.

en las células de la planta es clave en la memoria vegetal a largo plazo, y se debe al hecho de que la proteína que impedía la expresión del gen *FLC* en las células progenitoras lo sigue haciendo en sus células descendientes.

Lo más curioso es que, para las plantas involucradas en un proceso de vernalización, es tan importante memorizar como olvidar después lo recordado. Una vez que la planta ha florecido, el gen *FLC* que se había mantenido inhibido comienza a reactivarse lentamente. Cuando lo haya hecho en la mayoría de las células, el vegetal habrá olvidado el invierno pasado y no podrá florecer hasta que atraviese un nuevo invierno, que volverá a inhibir el gen *FLC*.

Recuperando el hilo del inicio del capítulo, debo reconocer que siento cierto desagrado cuando un alumno repite palabra por palabra las frases que aparecen en el libro o en sus apuntes en el momento que tiene que resolver un ejercicio o contestar a una pregunta en el examen, porque sé que, una vez transcurrido el fin de semana, no va a ser capaz de recordar absolutamente nada de lo que estudió. No obstante, no hay nada como ser consciente de lo útil que les ha sido a las plantas «aprenderse» irreflexivamente las cosas de memoria para restar importancia a un comportamiento que todos —¡sí, tú también, que no me engañas!— hemos puesto en práctica más de una vez durante nuestra vida académica.

8

Los colores del otoño

No, si por algo lo dice el refranero español: realmente, la máxima que establece que jamás llueve a gusto de todos se cumple con una rigurosidad tan milimétrica entre mis alumnos que casi asusta. Y no estoy haciendo referencia ni a los exámenes ni a los deberes —en ese caso, siempre diluvia para disgusto de todos ellos—, sino simplemente a las condiciones ambientales bajo las que se desarrolla la clase. Extraño, muy extraño, es el día en que la temperatura, la luminosidad, la humedad o los niveles de óxidos de nitrógeno y partículas en suspensión que presenta el aula agradan por igual a todos los asistentes. Mantener a gusto a unos adolescentes dentro de un habitáculo en el que tan solo deben dedicarse a prestar algo de atención requiere controlar más parámetros ambientales, y con mayor precisión, que los que son necesarios para mantener vivos en un acuario a los sensibles peces tropicales. Y, teniendo en cuenta que a mí los peces guppy no me duran ni un par de semanas, os podréis imaginar las quejas constantes que recibo por parte de mis alumnos: «¡Profe, hace frío!»; «¡Profe, hace calor!»; «¡Profe, me da el reflejo!»; «¡Profe, baja la persiana!»; «¡Profe, un poco más!»; «¡No, profe, un poco menos!»... Solo espero que el equipo directivo, la próxima vez, se acuerde de avisarme antes de que el inspector educativo vuelva a realizar una de sus singulares visitas; porque encontrarse con un aula sumida en tinieblas, con los pupitres orientados en todas las direcciones posibles del espacio para evitar el reflejo en la pizarra y esquivar la cabeza del compañero, y ocupados por unos alumnos la mitad en camiseta y la otra mitad con el abrigo abrochado hasta el cuello, no debió de dejarle demasiada buena impresión. Menos aún cuando, a su seca interpelación de «¡¿Qué es esto?!», le respondiera ingenuamente que las criaturitas solo se estaban adaptando a las condiciones climáticas de su entorno… como las plantas.

Reconozco que posiblemente aquel símil no fuera el más afortunado, pero el hecho de comparar a mis alumnos con las plantas tampoco es algo exagerado, y no porque en ocasiones interactúen conmigo menos que el ficus que tengo en el departamento, sino porque, al igual que hacen ellos, los vegetales implementan cientos de adaptaciones con la finalidad de acomodarse a las duras y cambiantes condiciones de su entorno. Adaptaciones imaginativas y sorprendentes que van mucho más allá de taparse media cara con el cuello de la pelliza como una tortuga asustada, y que, sobre todo, llevan a cabo sin quejarse amargamente. Así, los vegetales que se desarrollan en ambientes secos y calurosos combinan ciertas modificaciones anatómicas —ya sea para evitar la pérdida de agua, reduciendo del número de estomas o el tamaño de sus hojas, ya sea para acumularla, mediante el engrosamiento de los tallos— con cambios en su fisiología —por ejemplo, sustituyendo la clásica fotosíntesis por el más eficaz metabolismo CAM, que llevan a cabo las crasuláceas al fijar el CO_2 por la noche, cuando la temperatura es menor—.[1] No obstante, si existe una adaptación al clima tan común que todos podemos observarla una vez al año (o, al menos, aquellos que vivimos en las zonas templadas de este planeta), esa es la otoñal y melancólica caída de las hojas.

La llegada del frío y, sobre todo, la disminución en el número de horas de luz provocan que muchos árboles hayan encontrado energéticamente más rentable deshacerse de sus hojas y volver a sacarlas la primavera siguiente, antes que malgastar sus recursos en mantenerlas durante todo un invierno en el que prácticamente no podrían realizar la fotosíntesis.[2] Pero el hecho de que algunos árboles se liberen de la pesada carga que supondrían unas hojas inútiles durante el largo y oscuro invierno no quiere decir que antes de hacerlo no vayan a extraer de ellas todos aquellos elementos que puedan ser aprovechados más adelante. La síntesis de la clorofila es un proceso costoso para la planta, por lo que esta, antes de desprenderse de forma apresurada de las hojas, reabsorbe la clorofila, dejando a la vista otros pigmentos más «baratos» que hasta entonces habían estado ocultos bajo su avasallador verdor.

Estos pigmentos que se dejan ver únicamente en ausencia de la clorofila son los carotenos y las xantofilas, sustancias que tiñen las hojas con las típicas tonalidades otoñales que van del amarillo al naranja. Mas esta gama de colores adornará durante muy poco tiempo los bosques, pues, transcurrido un lapso muy corto, cuando las células que componen la hoja hayan muerto, el único color que podremos observar será el clásico tinte marrón que caracteriza la senescencia foliar. Por lo que, visto de otro modo, el cautivador espectáculo de colores que se representa cada otoño en los bosques de hoja caduca es la consecuencia tangible de la adaptación de los árboles a las características del clima bajo el que se desarrollan. Sin embargo, los científicos —¡siempre buscando tres pies al gato!— opinan que asumir que los diferentes colores con los que se visten las hojas durante el otoño surgen como consecuencia exclusiva de la senescencia foliar constituye una enorme, gigantesca simplificación. De hecho, podríamos admitir que la senescencia y la caída de las hojas son la causa de las tonalidades típicamente otoñales si en los bosques solo encontráramos hojas verdes, amarillas, naranjas y marrones; pero un simple vistazo a los árboles durante esta estación del año nos revela la presencia de otro llamativo color: el rojo.

La tonalidad bermeja de las hojas se debe a una sustancia química llamada «antocianina», un pigmento que —a diferencia de carotenos y xantofilas— normalmente no aparece tiñendo las hojas de los árboles, sino todo lo contrario: esta sustancia es fabricada ex profeso por la planta pocos días antes de tirar sus hojas al suelo. Algo que sin duda resulta sorprendente: ¿qué sentido evolutivo puede tener invertir materia y energía en sintetizar una sustancia (que, para colmo, no le sale nada barata a la planta) para deshacerse de ella en muy poco tiempo? Bueno, pues precisamente esta aparente incongruencia es la que ha hecho pensar a los científicos que bajo los relajantes colores otoñales hay una adaptación que va mucho más allá de la senescencia foliar.

Los científicos están trabajando sobre dos hipótesis que tratan de explicar el origen de las hojas encarnadas, y, como es obvio, ambas se fundamentan en que de algún modo a la planta la beneficia invertir algunos de sus recursos en fabricar la antocianina, incluso aunque en breve tenga que desechar irremediablemente sus inútiles y extraordinariamente costosas hojas rojas. Y el beneficio al que aluden ambas hipótesis es la protección que consigue la planta tiñendo sus hojas de rojo (bien ante la fotooxidación, bien frente a la acción de los insectos).[3]

Una de las teorías que los científicos vienen manejando desde hace ya mucho tiempo propone que las antocianinas actúan protegiendo al árbol de la luz, a modo de crema solar. Extraña protección, pues podría parecernos ciertamente desventajosa si pensamos que lo que precisamente necesita una planta para vivir es… luz. Pero quizás lleguemos a comprenderla si analizamos superficialmente el funcionamiento de algo tan alejado del mundo vegetal como es un aerogenerador. Obviamente, para mover las palas de estos gigantescos molinos —contra los que, a buen seguro, Don Quijote no habría tenido los suficientes redaños para pelear— se necesita la acción del viento, y, aunque pensemos (a lo burro grande) que a mayor intensidad de viento, más energía eléctrica se obtendrá, lo cierto es que estamos muy equivocados. Cuando la velocidad del viento es demasiado elevada, no solo no se alcanza un rendimiento energético adecuado, sino que además se corre el riesgo de que el aerogenerador acabe dañándose. Por tal motivo, estos aparatos disponen de un sistema que los desconecta si el viento que sopla es excesivo. Del mismo modo, las plantas necesitan la luz solar para realizar la fotosíntesis y poder vivir, pero cuando la cantidad de luz que absorbe la planta excede la capacidad que posee para procesarla, se produce un fenómeno (denominado «fotooxidación») que causa importantes daños en el vegetal.

La planta va a procesar adecuadamente la energía luminosa que le llega del sol siempre y cuando, simultáneamente, sea capaz de fijar la suficiente cantidad de dióxido de carbono (CO_2) de la atmósfera, ya que esta molécula es la que será utilizada para, finalmente, almacenar la energía capturada por el vegetal en forma de glucosa. Pero resulta que, durante el otoño, la cantidad de CO_2 que puede fijar la planta se ve drásticamente disminuida, debido a que la enzima encargada de tan importante proceso es muy sensible al descenso térmico que caracteriza esta estación del año.[4] Así, esta hipótesis propone que algunos árboles de hoja caduca se protegen del exceso de energía luminosa que durante el otoño no pueden procesar embadurnando sus hojas con la encarnada antocianina; posiblemente porque el gasto energético que conlleva su síntesis se vea suficientemente recompensado con la recuperación de los nutrientes de las hojas que no han sido dañadas por la fotooxidación.[5]

A la clásica hipótesis de la fotooxidación se ha unido en los últimos tiempos otra teoría científica que ha empezado a cobrar cada vez mayor credibilidad: la hipótesis del aviso. Algunos científicos creen que el color rojo con el que la antocianina tiñe las hojas en otoño le sirve al árbol para exhibirse impúdicamente y pavonearse delante de los insectos herbívoros. Algo similar a lo que hacen algunas gacelas en la sabana africana cuando pegan grandes brincos ante la sorprendida mirada de los felinos que se las quieren comer, como queriendo decirles: «¡Mira qué sana y fuerte que estoy! Si quieres correr detrás de mí, allá tú... pero te vas a dar un sofoco innecesario... Anda, bonito, mejor persigue a otra, y así los dos nos ahorramos energía». Del mismo modo, el color rojo de las hojas repletas de antocianina le indica al insecto el elevado grado de compromiso defensivo que posee el árbol, y le invita a buscarse otro vegetal que le sirva de sustento. Pero para que esta interesante estrategia pueda llegar a funcionar, hay dos aspectos que inevitablemente tienen que cumplirse. Por un lado, es necesario que la amenaza del árbol no se quede en agua de borrajas —vamos, que no siempre vaya de farol—, y así el insecto relacione el color de la hoja con el daño que puede sufrir; y, por el otro, que el insecto sea capaz de percibir el color rojo con el que tratan de avisarlo las hojas del vegetal.

Los investigadores han descubierto que, aunque no todas, la mayoría de las hojas que contienen antocianina también poseen compuestos fenólicos dotados de acción insecticida o de la capacidad para disminuir la digestibilidad de la planta en el intestino del herbívoro. La íntima asociación que ambos tipos de sustancias parecen mantener no resulta demasiado sorprendente, pues sabemos que la planta utiliza la misma ruta metabólica para sintetizar tanto las antocianinas (que avisan al insecto) como los compuestos fenólicos (que lo golpean si este no se ha dado por aludido).[6] De este modo, parece que los árboles que tiñen de rojo sus hojas durante el otoño no son de los que, para desesperación de su pareja de mus, acostumbran a jugarse un órdago a lo grande siendo postre y con dos pitos. Ahora, el segundo requisito para que la estrategia del aviso le pueda resultar útil al árbol implica que los insectos que los depredan sean capaces de percibir la señal que este les está haciendo mediante sus hojas, es decir, que puedan ver el color rojo. Pues resulta que los insectos... no lo pueden ver.

Así es: la mayoría de los insectos que atacan a los árboles poseen fotorreceptores para el color azul y para el verde, pero carecen del fotorreceptor que les permitiría ver el color rojo. Sin embargo, los científicos sospechaban que, aunque estos bichos no puedan ver el rojo del modo en que lo hacemos los humanos, sí que son capaces de diferenciarlo de los otros colores que aparecen en la planta. En el año 2009, se desarrolló una interesante investigación que tenía por objetivo comprobar esta hipótesis, y para ello se construyeron múltiples trampas de agua que fueron pintadas con hasta 70 colores diferentes, y con las que se quería atrapar a los pulgones (insectos de la familia *Aphididae*) que durante el otoño depositan sus huevos en los árboles.[7] Los científicos utilizaron las diferentes tonalidades que aparecen en las hojas de más de un centenar de especies distintas de árboles para pintar las trampas, y observaron que la inmensa mayoría de los pulgones evitaba aquellas que estaban teñidas de rojo. Parece ser que, a pesar de que estos insectos no pueden ver el color rojo, los fotones que reflejan las hojas o las trampas teñidas con ese color son captados en diferente cantidad por los fotorreceptores del azul y del verde, y que el desequilibrio en la interacción de fotones entre uno y otro fotorreceptor es lo que permite al insecto diferenciar el rojo, aun no viéndolo, del resto de tonalidades que posee el árbol.[8]

No obstante, hay un aspecto relacionado con la anterior experiencia que debería resultarnos ciertamente confuso: ¿por qué los pulgones evitaban las trampas coloreadas de rojo? Se podría llegar a entender que un insecto que se ha alimentado con las hojas bermejas de un árbol decida no volver a probarlas al asociar el color de la hoja con una pésima experiencia. Pero lo más probable es que aquellos pulgones que cayeron en las trampas preparadas por los investigadores nunca hubieran degustado una hoja marcada con antocianina, repleta de sus indigestos compuestos fenólicos. Y ni falta haría: los científicos están convencidos de que los pulgones y los árboles que tiñen de rojo sus hojas durante el otoño han evolucionado juntos desde hace muchísimo tiempo; de modo que los insectos reconocen de manera innata las encarnadas señales que indican el elevado compromiso defensivo de los árboles, y por eso los evitan cuando quieren alimentarse o poner sus huevos sobre ellos. Y, de la misma forma que estos insectos evitan las hojas rojas, también esquivarán las trampas que han sido pintadas con ese color.

La hipótesis del aviso y la coevolución entre los árboles que durante el otoño sintetizan antocianinas y los pulgones que han aprendido a evitarlos ha llevado a los científicos a proponer una sorprendente e ingeniosa explicación sobre los diferentes colores otoñales que predominan en el norte de Europa y en Norteamérica.[9] Los otoños en el norte de Europa se caracterizan por la preponderancia del color amarillo de los árboles que no sintetizan antocianina, frente a los otoños bermejos que predominan en los bosques de Norteamérica; y la explicación a tal variación cromática parece sustentarse tanto en la presencia de parásitos vegetales como en… ¡la orientación de las principales cordilleras montañosas!

Los investigadores sitúan el origen de la coevolución entre pulgones y árboles de hoja roja en la misma época en la que los dinosaurios desaparecieron de la faz de la Tierra: hace aproximadamente unos 65 millones de años. De modo que, mientras aquel gigante meteorito de 10 kilómetros de diámetro surcaba el espacio desde el cinturón de asteroides situado entre Júpiter y Marte en dirección a nuestro planeta, los pulgones ya sabían que debían evitar las hojas repletas de antocianina de los árboles, y preferían depositar sus huevos sobre aquellos vegetales cuyas hojas no eran de color rojo. Por aquel entonces, los árboles que habitaban en lugares donde el pulgón se comportaba como una plaga se veían beneficiados al invertir una parte de sus recursos en la síntesis de antocianina y de compuestos fenólicos, pues de ese modo evitaban el daño provocado por las larvas del pulgón cuando los huevos que este había puesto en otoño eclosionaban a la primavera siguiente. Mas aquellos árboles que se desarrollaban en entornos donde este insecto no constituía un problema importante evitaban fabricar antocianina, y por eso las hojas condenadas a perderse durante el otoño mostraban los colores amarillos y anaranjados típicos de los carotenoides.

Ahora daremos un enorme salto hacia adelante: pasaremos de los antiquísimos bosques donde coexistían ambos tipos de coloraciones otoñales a situarnos en el último período glacial del cuaternario (la Edad de Hielo), algo así como unos 110 000 años atrás.[10] En aquella época, los hielos empezaban a cubrir la superficie del planeta descendiendo desde el norte, atravesando los continentes americano, europeo y asiático, y extinguiendo a su paso a una multitud de organismos que no podían escapar. En Norteamérica y en Asia, la orientación norte-sur de sus principales cordilleras creó un enorme pasadizo natural por el que animales y plantas (ha de entenderse: sus semillas o esporas) pudieron escapar hacia el sur; pero la ubicación este-oeste de las montañas europeas actuó a modo de insuperable barrera física que impidió a muchos organismos alcanzar las zonas más cálidas. Los árboles que escaparon del frío en Norteamérica y Asia se llevaron consigo a los pulgones, de manera que no pudieron deshacerse de la antocianina que los protegía de tan dañinos insectos. Sin embargo, la mayoría de los árboles que sobrevivieron a la última glaciación en Europa fueron recompensados con una menor prevalencia de los insidiosos pulgones —muchos de ellos incapaces de superar las elevadas cordilleras montañosas durante su huida de los hielos—, y bajo tan duras condiciones se vieron beneficiados al no gastar parte de sus recursos en la síntesis de la costosa antocianina. Ni que decir tiene que los árboles que vemos ahora en nuestros bosques son los descendientes de aquellos otros que sobrevivieron a la Edad de Hielo: así, las diferentes tonalidades otoñales —predominantemente amarillas en los bosques del norte de Europa, y rojas en los bosques norteamericanos y asiáticos— son la consecuencia de una adaptación anacrónica de los árboles a los insectos, condicionada por la disposición de sus principales cordilleras.

Calor vegetal

No cabe duda de que durante la Edad de Hielo los vegetales tuvieron que pasarlo muy mal, pero también ahora, en un período interglaciar, la llegada del frío constituye un importante problema para las plantas: desprovistas de pelo, plumas o de una gruesa capa de grasa que las aísle —y ante la imposibilidad de, al menos, ponerse a tiritar o a dar saltitos—, ¿qué pueden hacer las plantas ateridas de frío para entrar en calor? Muchas de ellas tan solo pueden ralentizar el metabolismo y detener su desarrollo entrando en una prolongada diapausa (en la que algunas, además, pierden las hojas), pero a la mayoría solo les queda esperar pacientemente a que lleguen tiempos mejores. No obstante, existe un grupo nada despreciable de plantas que se han adaptado perfectamente a las bajas temperaturas… ¡encendiéndose como una caldera!

La col fétida (*Symplocarpus foetidus*) es un vegetal tremendamente original, y no solo porque emita un olor la mar de desagradable para atraer a sus polinizadores, sino, sobre todo, porque florece en los meses más fríos del invierno, cuando el suelo donde se desarrolla está cubierto con una capa de hielo y nieve. Lo cierto es que la *S. foetidus* pertenece a un grupo de vegetales con poderes especiales: el clan de las plantas endotérmicas, poseedoras de la habilidad de emitir calor y, de ese modo, aumentar su temperatura interna.

El capullo que forma la *S. foetidus* antes de florecer libera tal cantidad de energía que la planta puede alcanzar temperaturas comprendidas entre los 15 y los 20 °C, incluso cuando el termómetro marca a su alrededor los ¡15 °C bajo cero![11] El calor que genera la planta le permite derretir el hielo o la nieve que la cubre durante el invierno, a la vez que vaporiza las fétidas esencias que servirán para atraer en exclusiva a los pocos polinizadores que estén activos durante los meses de invierno. Realmente, esta adaptación es tremendamente ventajosa para una planta de porte muy pequeño —como el que presenta la *S. foetidus*—, puesto que durante los días más fríos del año el resto de las plantas estarán inactivas y no competirán con ella por los nutrientes del suelo, los polinizadores o el acceso a la luz.[12] Curiosamente, en nuestro país se desarrolla una pequeña planta que posee una estrategia adaptativa muy similar a la implementada por la col fétida. En las praderas de la Sierra de Gredos o de Guadarrama podemos observar a principios de la primavera, cuando la nieve ni siquiera ha empezado a derretirse, unas pequeñas flores de un suave color violeta, conocidas vulgarmente como «azafrán serrano» (*Crocus carpetanus*), que han conseguido crecer en pequeñas extensiones de nieve derretida gracias al calor que ellas mismas han liberado.

La col fétida o el azafrán serrano son solo algunos de los múltiples vegetales capaces de liberar energía en forma de calor. Pero los científicos han hallado una planta que va un paso más allá dentro del mundo de los vegetales endotérmicos: una planta que no se limita simplemente a emitir calor,

La imagen izquierda corresponde a un ejemplar de *Symplocarpus foetidus*, que florece durante el invierno en los humedales situados en la zona este de los Estados Unidos. La imagen derecha muestra las flores de *Crocus carpetanus*.

sino que, además, puede regular su temperatura como si de un pájaro o un mamífero se tratara.[13]

Nos referimos a la *Philodendron selloum*, una planta tropical que desprende energía en forma de calor, pero que —a diferencia de la col fétida o del azafrán serrano— no la utiliza para fundir la nieve, sino para crear un ambiente calentito y acogedor en el que los escarabajos que van a participar en su polinización se encuentren a gusto. Los científicos han descubierto que en la enorme inflorescencia con aspecto de falo que presenta la *P. selloum* existen tres tipos diferentes de flores: masculinas fértiles, femeninas fértiles y masculinas infértiles. Las flores masculinas infértiles están situadas entre los otros dos tipos de flores en el conjunto de la inflorescencia, y son ellas las responsables de liberar la energía en forma de calor, así como las encargadas de regular la temperatura de la planta manteniéndola a los 37 °C que parecen agradar a sus polinizadores.

El mecanismo que utiliza la *P. selloum* para mantener su temperatura constante al gusto de los escarabajos polinizadores se basa en la activación y desactivación de las enzimas contenidas en las flores masculinas infértiles, que son las encargadas de generar el calor. Así, cuando la temperatura de la planta descienda por debajo de los 37 °C, las enzimas se activarán, lo que provocará la liberación de energía y el aumento de la temperatura de la planta hasta alcanzar esos 37 °C. Cuando la temperatura de la planta ascienda por encima de los 37 °C, las enzimas se desactivarán, de modo que las flores masculinas infértiles dejarán de producir energía y la planta comenzará a perder calor hasta alcanzar, de nuevo, esos 37 °C. El ciclo de activación-desactivación de las enzimas presentes en las células masculinas infértiles de la *P. selloum* actúa como el termostato de mi casa, que enciende o apaga la calefacción cuando la temperatura desciende o asciende respecto del valor al que ha sido programado.

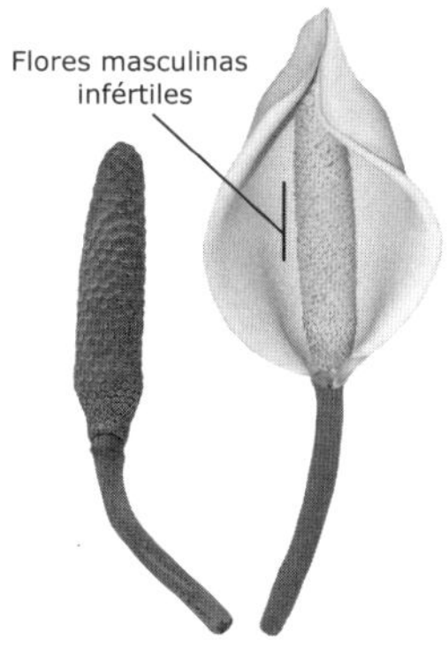

Fruto (izquierda) e inflorescencia (derecha) de *Philodendron selloum.* El termostato de la planta se localiza en las flores masculinas infértiles, situadas entre las masculinas y femeninas fértiles de la inflorescencia.

Las plantas son expertas en adaptarse a las condiciones ambientales más extremas, y esta capacidad les ha permitido colonizar todos los ecosistemas del planeta. Los vegetales han ajustado su fisonomía y su metabolismo tanto a la escasez de agua como a los niveles más exagerados de humedad, tanto a la ausencia de luz como a su exceso, tanto a las bajas como a las altas temperaturas… La forma y tamaño de las hojas, las diferentes estrategias fotosintéticas, el calor que desprenden y que algunas, incluso, pueden regular, y, por supuesto, los colores del otoño constituyen solo una pequeña muestra de la enorme plasticidad adaptativa que la selección natural confiere a estos increíbles organismos.

9

Las plantas inuit

Aunque a ellos nunca se lo reconozca —e incluso a veces ponga cara de pocos amigos—, no me importa que mis alumnos interrumpan una explicación para realizarme una pregunta. Y es que claramente somos una especie de una profunda complejidad e inteligencia, una especie que, cuando apaga el televisor, vive en constante suspensión sostenida entre la duda y el escepticismo. Hay individuos que sospechan de la autenticidad de aquel pequeño paso para el hombre que dejó huella en nuestro satélite; otros (probablemente los mismos) cuestionan la existencia del yeti o del monstruo del Lago Ness; y la inmensa mayoría pone en seria duda la veracidad de aquella leyenda sobre un osado conductor que indicaba con el intermitente el momento exacto en el que iba a abandonar una glorieta. Pero a uno de mis alumnos (también humano, a su manera) se le ocurrió preguntarme durante una clase de biología: «¿Cómo es posible que existan los esquimales?». Y no lo decía por el frío y el aburrimiento que deben de pasar los pobrecillos mientras están encerrados en un iglú en medio de la tundra helada, sino por la imposibilidad de beberse un zumito de naranja recién exprimido durante el desayuno. La verdad es que la pregunta tenía mucho más sentido de lo que de entrada pudiera parecer: debido a una mutación que se produjo hace

60 millones de años en uno de nuestros ancestros, somos uno de los pocos mamíferos que están incapacitados para sintetizar la vitamina C, por lo que debemos consumirla con los alimentos. Teniendo en cuenta que tanto en su casa como en la mía obtenemos la dosis diaria de esta imprescindible vitamina de las mismas frutas y verduras que no prosperan bajo el frío polar, mi alumno insistió de nuevo: «¿Cómo narices pueden existir los esquimales?».

Pero lo cierto es que los inuit existen y que, a pesar de no acompañar sus comidas con una rica ensalada de tomate, lechuga y cebolla, ellos viven la mar de felices (y sin presentar déficit alguno de vitamina C). Estos individuos, probablemente sin saberlo, han adaptado sus costumbres culinarias a sus necesidades fisiológicas, de modo que, además de ingerir muy de vez en cuando algunas insípidas algas y pequeñas bayas, se alimentan de la piel y la carne cruda de focas, morsas y belugas que, al no ser cocinadas, mantienen intacta la estructura funcional de la vitamina C. La ausencia o la baja disponibilidad en el medio de ciertos nutrientes que son imprescindibles para el desarrollo de un organismo obligan a este a implementar todas aquellas adaptaciones que se lo procuren. Y esto sucede con los esquimales en el polo, pero también con multitud de especies vegetales que viven en ambientes igual de pobres en nutrientes.

Aunque las plantas son organismos autótrofos y, por tanto, capaces de sintetizar su propio alimento a través de la fotosíntesis, también necesitan recoger del medio en el que se desarrollan diferentes nutrientes para poder vivir. El nitrógeno (N) es, sin duda, el más importante de los nutrientes que requiere un vegetal para su desarrollo (no en vano, el 50 % del nitrógeno que posee la hoja de una planta se invierte en el proceso de la fotosíntesis), pero simultáneamente esta es una sustancia muy difícil y costosa de adquirir para la propia planta. Algo que podría parecer ridículo si tenemos en cuenta que la atmósfera de nuestro planeta contiene un 79 % de N_2, pero que entenderemos al descubrir que los vegetales no pueden absorber el nitrógeno en la forma gaseosa de molécula diatómica (N_2), tal como se presenta en el aire.

Para que una planta se haga con el nitrógeno que precisa para vivir, es necesario que este se encuentre en el suelo en forma de nitrato (NO_3^-) o de amonio (NH_4^+), y —por desgracia para los vegetales— existen múltiples ecosistemas donde la cantidad de estas especies químicas de nitrógeno asimilable es insuficiente. Mas si hemos llegado hasta este capítulo ya sabremos que las plantas poseen una inigualable capacidad de adaptación, y si se muestran competentes para adecuar su anatomía y fisiología a los ambientes más secos y calurosos, a los entornos más fríos y de mayor salinidad, podremos sospechar que también se adaptarán a los suelos más pobres en los que no abunda el nitrógeno en su forma asimilable.

Probablemente, la estrategia más conocida de entre las que implementan las plantas para procurarse el nitrógeno que necesitan en aquellos suelos donde este mineral escasea sea la asociación simbiótica que establecen con las bacterias. Existen varios géneros bacterianos que, a diferencia de las plantas, poseen la habilidad de fijar el N_2 del aire: se trata de microorganismos que son capaces de transformar este gas en las formas nitrato y amonio que la planta puede asimilar. Así, las bacterias del género *Rhizobium* que habitan en el suelo se introducen en la raíz de leguminosas (como las judías, los guisantes o los tréboles) infectando un pelo radicular y formando un canal de infección que les permite desplazarse hacia el interior de la raíz del vegetal. Una vez los microorganismos están dentro de la raíz, la planta no solo no muestra interés alguno en eliminarlos, sino que, por el contrario, sintetiza una serie de sustancias que tienen por objetivo promover la formación de pequeñas tumefacciones (llamadas «nódulos radicales»), dentro de las cuales vivirán y se desarrollarán las bacterias fijadoras de nitrógeno.[1] En esta peculiar relación, la planta suministra alimento y protección a los microorganismos, los cuales, una vez acomodados en su interior, ya son incapaces de vivir fuera del hospedador; y estos le devuelven el favor a la planta fijando para ella el N_2 atmosférico. A resguardo y perfectamente alimentadas en el interior de los nódulos de una raíz, estas bacterias multiplican de tal modo su capacidad para fijar el N_2 del aire que la propia planta, una vez cubierta sus necesidades, libera y enriquece el suelo con los excedentes. De hecho, antes del brutal desarrollo que ha tenido la industria química de los fertilizantes, los agricultores rotaban los cultivos de plantas no fijadoras de nitrógeno con la plantación de leguminosas para que estas últimas devolvieran al suelo los nitratos y el amonio que las otras se habían llevado.

Desde luego, si yo fuese un vegetal incapaz de fijar el N_2 del aire, estaría como loco por encontrar una leguminosa junto a la que echar raíces y pasar tan ricamente mis días aprovechando el nitrógeno asimilable con el que esta enriquece el suelo. Sin embargo, es muy probable que a la generosa planta la posibilidad de cargar con otro vegetal que compita con ella por recursos tan limitantes para su desarrollo como el agua o la luz le resulte una idea muy poco atractiva. Un razonamiento sencillo, al más puro enfoque de la competencia darwiniana, así parecería indicarlo, pero a estas alturas ya sabremos que las apariencias engañan, ¿no? Exacto: resulta que la asociación entre dos plantas que habitan en una zona semidesértica del sureste de España parece contradecir la infalibilidad de tal percepción.

En la almeriense Sierra de los Filabres coexisten la retama (*Retama sphaerocarpa*) y una pequeña planta de aspecto similar a la menta, conocida por aquellos lares como «marrubio» (*Ballota nigra*); y, a pesar de que las condiciones tan limitantes que gobiernan las ramblas semiáridas donde habitan ambos vegetales nos arrastrarían a conjeturar que crecer una junto a la otra sería una muy mala idea, una interesante investigación parece llevarnos la contraria.[2] Los científicos saben que la retama fija el N_2 atmosférico gracias a su asociación con bacterias del género *Rhizobium*, y que las plantas de marrubio crecen bajo este arbusto para aprovechar el excedente de nitrógeno que la leguminosa libera al suelo y la sombra que les aporta (que, en tan caluroso ecosistema, siempre es de agradecer). Estos investigadores comprobaron que no solo las plantas de marrubio crecían felices y lozanas (como era de esperar), sino que las retamas, que en teoría deberían haberse visto afectadas por la competencia, también se desarrollaban estupendamente. De hecho, las asociaciones entre retamas y marrubios parecían oasis verdes entre las estériles manchas desérticas que decoran las ramblas almerienses, en las que apenas crece nada. Obviamente, bajo tan radicales condiciones climáticas, ambos vegetales están compitiendo por la poca agua a la que pueden acceder, pero a la vez también están colaborando; y, a la vista del éxito que ambos están teniendo dentro de un ecosistema tan extremo, parece que la cooperación supera con creces la lucha por los recursos. Los investigadores han confirmado que las pequeñas plantas del marrubio obtienen de sus compañeras tanto el nitrógeno que necesitan como una fantástica sombra que las protege del insistente e intenso sol. Pero también han descubierto que los arbustos de retama consiguen, a su vez —y gracias a las hierbas del marrubio que crecen a su sombra—, un suelo con una mayor cantidad de materia orgánica y una elevada proporción de limos y arcillas que, en un terreno semidesértico como aquel, facilitan tanto la retención del agua como la aireación de sus raíces.

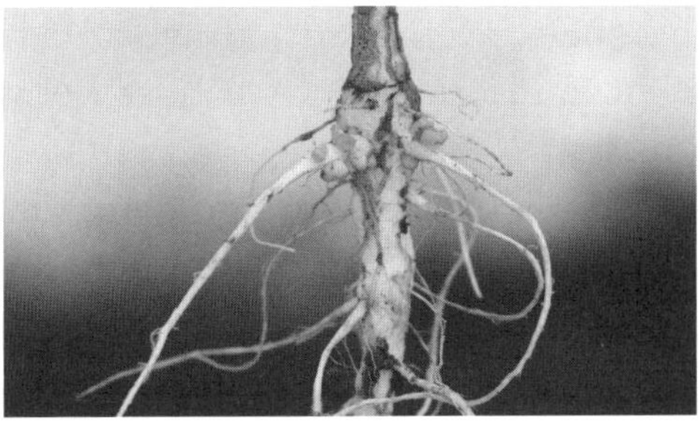

Nódulos formados por bacterias fijadoras del nitrógeno del género *Rhizobium* en la raíz de una leguminosa.

No cabe la menor duda de lo beneficiosa que resulta para las plantas su asociación con las bacterias fijadoras del nitrógeno, pero por desgracia son muy pocos los vegetales que tienen acceso a este privilegio. El vulgo vegetal, incapaz de establecer vínculos con los microorganismos que atrapan el N_2 del aire, debe conformarse con arrimarse a los humildes hongos que proliferan en el suelo. Los hongos edáficos, a pesar de que son incapaces de fijar el N_2 atmosférico, pueden ayudar al desarrollo y crecimiento del vegetal al facilitarle la obtención de muchos de los nutrientes presentes en el suelo, que no siempre son de fácil disponibilidad para la planta. La asociación de los hongos con la raíz de un árbol recibe el nombre de «micorriza», y el beneficio que esta relación de mutualismo aporta a las plantas vasculares es de tal magnitud que algunos científicos creen encontrar en ella el aspecto clave para que estos vegetales lograsen colonizar la superficie de la Tierra en el pasado.

Los hongos que se asocian con las raíces de las plantas son organismos constituidos por unos filamentos delgados y alargados llamados «hifas», que se extienden por el interior del suelo incluso durante varios kilómetros. En ocasiones, las hifas del hongo se limitan a rodear y tapizar las raíces del árbol, de la misma forma que lo hace una enredadera con la fachada de una típica casa de la campiña inglesa. Pero dentro de estas complejas relaciones árbol-hongo hay algunas en las que se alcanza un mayor grado de intimidad, de modo que las hifas del hongo no se limitan a permanecer en el rellano, sino que se aventuran a atravesar la raíz del árbol hundiéndose en el interior de las células del vegetal hasta fusionarse con ellas.[3]

A través de la micorriza, el hongo consigue del árbol el alimento que necesita para vivir, y, teniendo en cuenta que el vegetal entrega al hongo entre un 10 y un 20 % de los hidratos de carbono que ha obtenido mediante la fotosíntesis, podemos esperar que aquel también saque cuantiosos beneficios de su asociación.[4] Y así es: anexionándose a la superficie que cubren sus propias raíces la recorrida por las hifas del hongo, la planta multiplica su superficie de absorción, lo que le permite llegar más lejos y a más lugares y, a su vez, implica que dispondrá de mayor cantidad de minerales y agua que si prescindiera de su colaborador. Por si la compleja y extensa red de absorción que forman las hifas del hongo con las raíces del árbol no supusiera ya de por sí una increíble ventaja para el vegetal, los científicos han descubierto que esa no es la única. Y es que el hongo micorrícico, además, moviliza minerales que están en muy baja disponibilidad en el suelo y los pone a disposición de la planta; libera sustancias quelantes que fijan los minerales al suelo, lo que impide que estos sean arrastrados por el agua lejos de los dominios del vegetal; e incluso protege las raíces de la planta contra la acción de nematodos y hongos patógenos.[5] Ya para coronar el pastel, hasta los humanos nos vemos beneficiados por la asociación entre los hongos y las raíces de los árboles (por lo menos aquellos a los que nos encantan las setas), pues níscalos, *Boletus* o trufas son las estructuras reproductoras de los hongos micorrícicos que viven asociados a las raíces de pinos, encinas y otras plantas vasculares. ¡No me digáis que no es un chollo esto de la micorriza!

Tradicionalmente, la clásica idea en botánica era que los hongos facilitaban a las plantas los nutrientes del suelo, mientras que estas les aportaban a aquellos el carbono orgánico que habían obtenido mediante la fotosíntesis. Durante mucho tiempo, esta imagen que he presentado en líneas anteriores constituía un dogma, pero —como ya sabremos— la ciencia es incompatible con tales planteamientos, y los científicos no han tardado en echar abajo aquella creencia. Ahora sabemos que también existen multitud de especies vegetales que, en determinadas circunstancias (condiciones de poca luz, disminución de las reservas de clorofila, reducción del tamaño de las hojas...), reciben el carbono orgánico (el alimento) de sus hongos micorrícicos. Estas plantas capaces de obtener la energía metabólica implementando la fotosíntesis o tomando el carbono orgánico de los hongos se denominan «mixotrofas». Y lo más sorprendente es que recientes investigaciones parecen postular a extintas plantas mixotrofas como los antepasados de unos vegetales muy especiales: las plantas micoheterotróficas.[6] Los vegetales micoheterotróficos son incapaces de realizar la fotosíntesis, y obtienen todos sus recursos —absolutamente todos— de los hongos. Pero esa es otra historia que abordaremos más adelante.[7]

Delicias de insecto

La asociación con bacterias fijadoras del nitrógeno o con hongos micorrícicos ha permitido a las plantas adaptarse a suelos poco fértiles en los que escasean uno o varios de sus nutrientes esenciales; lo que es otra muestra de la enorme capacidad de acomodación que poseen estos organismos cuando se enfrentan a las condiciones más limitantes. Pero podemos dar una vuelta de tuerca más en el ejercicio de poner a prueba la plasticidad vegetal: se me ocurre, por ejemplo, que intentemos que las plantas hagan el salto sin red... o, mejor dicho, sin suelo. Las epifitas son plantas que, en busca de la luz que le niegan sus congéneres de mayor tamaño, crecen aupándose sobre ellas, solo que, al tratar de taparse la cabeza con la sábana, comenten el clásico error de descubrirse los pies. Las epifitas solucionan el problema del acceso a la luz trepando por la estructura de otro vegetal, pero esta escalada hacia la luz lleva aparejado el inconveniente de que sus raíces deben abandonar el suelo, dejando en él las sales minerales que necesitan para poder vivir. ¿Cómo pueden estas plantas hacerse con los nutrientes que hay en el suelo si han decidido desvincularse de él?

La *Myrmecodia tuberosa* es una epifita que se desarrolla en el sudeste asiático y que, como muchas de las plantas de su mismo género, ha decidido llamar a las hormigas para que le echen una mano. Las hormigas parecen ser para los vegetales lo que las madres humanas son para sus hijos: cuando surge algún inconveniente —ya seas un niño de 6 años al que le asusta la oscuridad o un señor con barba de 40 que ha cogido una gripe—, siempre, invariablemente, acabamos implorando con lastimeras quejas a nuestra mamá. De modo que las hormigas, que ya colaboraban en la dispersión de las semillas y en la protección de la planta frente a la acción de los herbívoros... ahora, además, se van a encargar de suministrar los minerales que la planta necesita y que, al estar subida a cuestas de otro vegetal, no puede extraer del suelo.

La *M. tuberosa* posee un tallo embrionario que ha sido modificado con el objetivo de albergar a las hormigas, y aunque solo disponga de dos tipos diferentes de estancias, su casita ha quedado muy cuca. Uno de los espacios actúa a modo de alcoba, y es donde los pequeños insectos pasan felizmente sus días; mientras que el otro modelo de habitáculo constituye el aseo que visitan las hormigas cuando... bueno, cuando necesitan hacer sus cositas. Y precisamente es este material —sí, los excrementos de las hormigas— lo que andaba buscando la planta al darles cobijo en su interior. En las deyecciones de las hormigas se encuentran los minerales que la planta necesita para poder vivir; de modo que las paredes del compartimento que hace las veces de letrina han sido decoradas con un buen número de raíces adventicias, que permiten al vegetal absorber el nitrógeno, el fósforo o el azufre presentes en las deposiciones del insecto.[8] No obstante, algunas plantas —quizás demasiado melindrosas para utilizar los excrementos de las hormigas— han optado por la estrategia de extraer los minerales que necesitan de un insecto, solo que... ¡tragándoselo directamente!

Conocemos más de 600 especies de plantas carnívoras, y todas ellas habitan en ambientes pobres donde están ausentes algunos de los nutrientes esenciales que necesitan para desarrollarse; aunque, como no podía ser de otra forma, el mineral más demandado por las plantas carnívoras continúa

Ejemplar de *Myrmecodia tuberosa* aupado al tronco de un árbol. Se puede observar el grueso tallo embrionario modificado que utiliza esta planta para albergar a las hormigas y recoger los excrementos de estas, que le servirán para extraer los nutrientes que no puede proporcionarle el suelo del que se ha desligado.

siendo el nitrógeno. Precisamente, este nutriente constituye hasta un 10 % de la masa total de los insectos y arácnidos que estas plantas tan especiales están deseosas de degustar.[9]

En realidad, bajo el dramático —aunque muy adecuado— apelativo de «carnívoras», se parapeta una enorme variedad de plantas que completan los requerimientos nutricionales que no les puede aportar el suelo devorando artrópodos y, en ocasiones especiales, pequeños anfibios. Sin embargo, aun estando inmersas en un mismo objetivo, todas ellas utilizan estrategias muy diferentes para la caza. Así, la famosa venus atrapamoscas (*Dionaea muscipula*), originaria de las zonas pantanosas del sureste de los Estados Unidos (aunque ahora nos la vendan hasta en los grandes almacenes), utiliza una hoja modificada que se dobla por la mitad cerrándose como un cepo sobre su presa, a la que posteriormente deshace con sus enzimas. Para que la trampa se active, es necesario que el deseado trofeo toque al menos dos de los tres pelillos que posee la hoja modificada de *Dionaea muscipula*.[10] Mediante esta estrategia, la planta trata de asegurarse de que el insecto no se ha limitado a rozar ligeramente la hoja, sino que se encuentra situado en medio de las dos valvas, de modo que cuando estas se cierren le sea muy difícil escapar del abrazo del vegetal. Y es que demasiado costoso le resulta a la planta abrir y cerrar sus hojas como para no asegurarse mínimamente de que esta tarea tenga una alta probabilidad de llevarse a cabo con éxito. El aspecto más interesante es que el insecto no tiene por qué incidir simultáneamente sobre los dos pelillos, sino que en realidad dispone de hasta 20 segundos para, después de haber interaccionado con uno, tocar el siguiente, e inmediatamente observar aterrado —¡pobrecillo!— cómo las valvas de la hoja se abaten sobre él.

La *Dionaea muscipula* es una planta cuya eficacia para capturar a sus presas se basa en responder a los estímulos con una extraordinaria rapidez; mas, si lo que queremos es conocer al guepardo de las plantas carnívoras, tendremos que remangarnos las perneras del pantalón y meternos en el agua para observar la veloz estrategia de caza que implementa la *Utricularia inflata*. Esta planta, también originaria de los Estados Unidos (donde, para colmo, amenaza con convertirse en una plaga), posee una serie de trampas que sumerge en el agua con el objetivo de capturar minúsculos animales acuáticos que le aporten aquellos nutrientes de los que su entorno escasea. Las trampas que utiliza la *U. inflata* para cazar tienen la forma de pequeños sacos, cuya abertura está cubierta con una trampilla tapizada por unos minúsculos pelos sensitivos (similares a los de la *D. muscipula*) y cuyo interior se encuentra relleno de líquido a una presión negativa de 16.000 pascales con respecto al medio externo.[11] La enorme diferencia de presión entre el interior y el exterior de la cámara provoca que, en el mismo instante en que los pelillos de la trampa perciben el mínimo roce con una posible presa, su trampilla se abra, y el botín sea aspirado hacia el interior de la cámara —como lo haría la atmósfera con los desgraciados pasajeros si la puerta del avión en el que viajan se abriera en mitad del vuelo—. Una vez encerrado en el interior de las vesículas de la *U. inflata* sin posibilidad de escape, al animal solo le quedará esperar que las enzimas

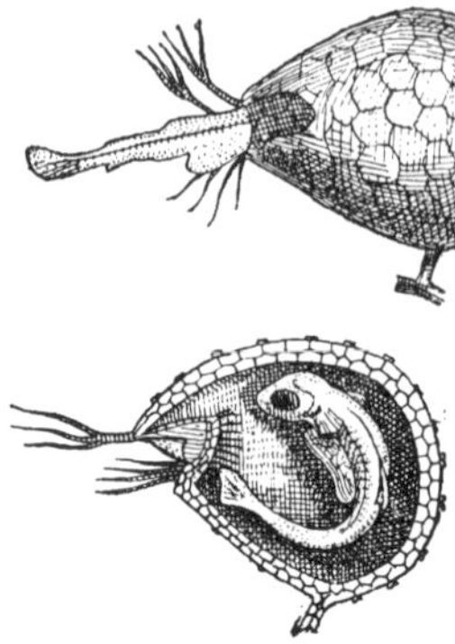

En la imagen izquierda podemos observar una escena de caza protagonizada por la famosa venus atrapamoscas (*Dionaea muscipula*). En la imagen derecha se ha representado el proceso utilizado por la *Utricularia inflata* para capturar a sus presas, en este caso, un pececillo.

que segrega el vegetal acaben con su vida lo más rápido posible, y que degraden su cadáver extrayendo los nutrientes que esta planta cazadora andaba buscando.

La *Dionaea muscipula* y la *Utricularia inflata* son hábiles cazadoras que implementan métodos dinámicos y espectaculares para atrapar a los artrópodos; sin embargo, existe otro enorme grupo de vegetales —también cazadores— que no están dispuestos a gastar demasiada energía en la captura de sus presas. Así, conocemos plantas carnívoras que prefieren permanecer tranquilamente escondidas en el puesto de caza que les ha sido asignado, a la espera de que una despistada presa caiga directamente bajo sus garras. La *Drosera rotundifolia* es una de estas eficaces cazadoras pasivas, cuyo armamento lo forman los pegajosos pelillos de sus hojas, que primero atraen y posteriormente atrapan a los insectos. Estas plantas presentan dos tipos de filamentos diferentes: unos más largos, poseedores de una sustancia adhesiva (de aspecto semejante a las gotas de rocío) que simula el atrayente néctar de una planta; y otros pelillos mucho más cortos que se encargan, ora de liberar las enzimas digestivas sobre el cuerpo del insecto capturado, ora de absorber los nutrientes que se le han extraído. En realidad, estas plantas no se muestran tan inertes como al principio pudiera parecer, puesto que, una vez el insecto ha quedado adherido a los pringosos apéndices de la hoja, esta se enrosca sobre él y lo envuelve en un abrazo viscoso y mortal. Mas, si los viscosos y coloridos tentáculos que poseen las hojas de las droseras son una maravilla de la naturaleza, no menos espectaculares son las modificaciones que han llevado a cabo las plantas de la familia *Sarraceniaceae* al transformar sus hojas en auténticas jarras.

Las hojas en forma de jarra de estas plantas recogen en su interior el agua de lluvia, pero no para hidratarse, sino para ahogar a sus presas. Dispuestas en la parte superior de las jarras de las sarracenias, aparecen unas glándulas que segregan el néctar con el que la planta carnívora intenta atraer a los insectos. Cuando un goloso insecto cae al fondo del recipiente, no tendrá mejor suerte que la de terminar ahogándose, y, posteriormente, ser digerido por las enzimas que sintetiza la propia hoja del vegetal. Sin embargo, en algunas plantas de la familia *Sarraceniaceae* (como en los casos de la *Sarracenia purpurea* y de la *Darlingtonia californica*), las enzimas digestivas que extraerán los nutrientes del cadáver del insecto no van a ser fabricadas por la planta, sino por unas bacterias que habitan de manera simbiótica en la hoja del vegetal. Recientes investigaciones parecen demostrar que estas bacterias no se limitan a colaborar con las plantas en el proceso digestivo, sino que también juegan un papel muy importante en el ahogamiento de la presa.[12] En cada mililitro del líquido acumulado en las jarras de la *Darlingtonia californica* hay entre 1.000 y 100.000 millones de bacterias, y, a pesar de tratarse de un número nada despreciable, dudo que estos microorganismos, aun subidos a la chepa del desgraciado insecto, pudieran siquiera hacerle una aguadilla. Lo que sí pueden hacer las bacterias es liberar unas sustancias de naturaleza lipídica que —a modo de los tensioactivos que aparecen en un detergente— disminuyen la tensión superficial del agua, lo que facilita el hundimiento del insecto.

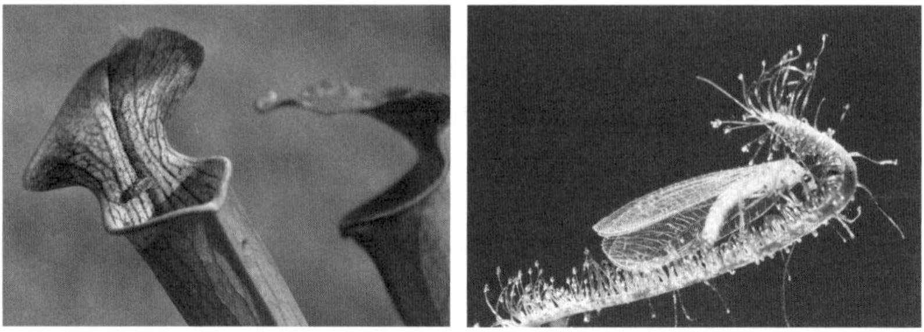

En la imagen izquierda se muestra la estructura en forma de vasija que presenta la hoja de la *Sarracenia purpurea* para capturar a sus presas. En la imagen derecha podemos ver la estrategia que utiliza la *Drosera rotundifolia* para apresar, mediante los pelillos pegajosos de sus hojas, a un crisópido.

A pesar de todas las limitaciones que presenta su entorno (y de las dudas que puedan surgir entre mis alumnos), los pueblos esquimales han sabido adaptarse y sobrevivir. Del mismo modo, las plantas han desarrollado increíbles adaptaciones e inverosímiles comportamientos, asociándose con bacterias, hongos e insectos, para conseguir superar con notable éxito las restricciones que impone un suelo escaso en nutrientes. Así, si en las sociedades humanas los inuit representan el paradigma de adaptación a las más duras y limitantes condiciones ambientales, dentro del reino vegetal, los organismos que acabamos de conocer podrían ser considerados, sin duda... las plantas inuit.

10

Puro *marketing*

Desde hace ya algunos meses vengo observando que los pasillos del instituto se han inundado con unos extraños juguetes —lo que, unido a mi naturaleza despistada, significa que la cosa ya debe de haber adquirido niveles de epidemia—; y, aunque por su precio se podría esperar que al menos cantasen *La Macarena*, parece ser que lo único que hacen es dar vueltas para desestresar a nuestros estresadísimos alumnos. Está claro que lo realmente importante a la hora de vender un producto —cualquier producto— es una buena estrategia de *marketing*. Y en los tiempos que corren, la manera más eficaz de llegar en el menor tiempo posible hasta el mayor número de consumidores es a través de la pantalla plana del televisor. Da igual que el artículo en cuestión sea un libro insustancial con más hojas que palabras, un bodrio de película en la que su zafio humor se diluye entre ridículos estereotipos sobre vascos y catalanes, o un artilugio de plástico que se limita a girar, girar, girar, gir… ante la atónita mirada de millones de adolescentes. La calidad de la mercancía es indiferente: si sale por televisión, el éxito estará asegurado.

Sin embargo, hay que decir que la estrategia para promocionar el género no es una creación humana, ni tampoco tiene su origen en las voces destempladas que brotan entre los puestos de bragas y calzoncillos del mercadillo —¡no, no!—: la naturaleza lleva utilizando esta misma maniobra desde hace muchísimo tiempo. ¿Qué es lo que hacen el pavo real cuando despliega su cola, el ciervo cuando se desgañita durante la berrea o el primo Abelardo cuando se despatarra en el asiento del autobús si no es promocionarse? Mas las estrategias de *marketing* no se limitan en exclusiva al mundo animal: la mayoría de las plantas, esos seres que algunos tienen por silenciosos y recatados organismos, también se promocionan sin ningún pudor.

Hace unos 130 millones de años, con la aparición de las plantas angiospermas y su rápida difusión por todos los ecosistemas existentes, dio comienzo la mayor y más importante campaña de *marketing* que —hasta la desplegada por Donald Trump para llegar a la Casa Blanca— este planeta había conocido. Los primitivos musgos y helechos habían dejado su reproducción en manos del líquido elemento; las antaño poderosísimas gimnospermas se agarraban al dios Eolo para asegurar su fecundidad; pero los nuevos vegetales no parecían respetar las costumbres y tradiciones de sus ancestros y hacían una obscena exposición de sus flores, engalanadas con llamativos colores y perfumadas con las más variadas esencias, deseosas de ofrecer su polen y su dulce néctar a un nuevo tipo de polinizadores: los insectos.[1]

Las angiospermas se promocionan sin recato alguno embelleciendo las calles, campos y jardines porque necesitan atraer a algún animal que recoja el polen de los estambres de sus flores y lo transporte hasta el estigma de otra flor. Los insectos, las aves e incluso algunos mamíferos son seducidos por los colores, las esencias y las formas de las flores, pero no nos engañemos: lo que la mayoría de ellos espera encontrar allí no es otra cosa que alimento, es decir, el néctar que la planta ha fabricado para recompensarlos. Se trata, por tanto, de una relación mutualista en la que ambos organismos —planta y animal— salen beneficiados, y que en el transcurso de milenios de coevolución ha generado las más increíbles y bellas adaptaciones. Probablemente, la más famosa adaptación coevolutiva entre planta e insecto polinizador —no solo por su espectacularidad, sino también por tratarse de una acertada predicción realizada por el propio Darwin— es la que todavía hoy podemos observar entre la polilla esfinge (*Xanthopan morganii praedicta*) y la orquídea *Angraecum sesquipedale*.

La curiosa historia comenzó cuando, a mediados del siglo XIX, llegó a las manos de Darwin una orquídea originaria de Madagascar que destacaba por poseer un espolón de treinta centímetros de longitud. Al ser preguntado por el hipotético insecto capaz de polinizar aquella planta, el genial científico no dudó en pronosticar que debería tratarse de un lepidóptero nocturno con una probóscide tan grande como el propio espolón; es decir, un insecto dotado de una desproporcionada estructura que le posibilitara acceder hasta el néctar que la planta depositaba en el fondo del largo tubo. Dos décadas después de la muerte de Charles Darwin, fue descubierta la polilla esfinge y su trompa de treinta centímetros, que le permite libar el néctar con el que la *A. sesquipedale* le retribuye sus servicios como polinizador.[2]

A la izquierda, podemos ver la orquídea *Angraecum sesquipedale* con su gigantesco espolón descendente. A la derecha, la polilla *Xanthopan morganii praedicta* que posee una larga probóscide de tamaño similar al del espolón de la orquídea, cuya existencia fue vaticinada por Darwin.

Del mismo modo que los empresarios utilizan diferentes estrategias de mercadotecnia para engatusar a los consumidores, las plantas son capaces de implementar las más variadas tácticas con las que atraer al mayor número posible de polinizadores. Un simple vistazo al abigarrado cromatismo que orna el campo durante la primavera nos revela la argucia que mayor rendimiento ha dado a las angiospermas: engalanar sus flores con los más llamativos colores.

Los insectos son los principales polinizadores de las angiospermas, y su capacidad para discernir diferentes coloraciones es simplemente extraordinaria. En realidad, la forma en la que humanos e insectos percibimos los colores no es exactamente la misma: digamos que la visión de abejas, mosquitos y escarabajos está desplazada dentro del espectro electromagnético unos 100 nanómetros (nm) hacia la izquierda.[3] De esta forma, si nosotros somos capaces de percibir la luz que posee longitudes de onda comprendidas entre los 400 (violeta) y los 700 nm (rojo) —que, en un alarde de radical antropocentrismo, denominamos «rango del visible»—, los insectos pueden ver desde el ultravioleta cercano (300 nm) hasta la luz de colores que alcanza un máximo de 600 nm de longitud de onda: el amarillo-naranja.

Vale, ya sabemos que los insectos pueden percibir múltiples tonalidades, mas ¿dónde reside el poder de los pétalos de colores para seducir y atraer a los insectos hacia la flor? Pues de la misma manera que el color de un semáforo nos indica si podemos o no cruzar la carretera, los colores de la flor de una planta (junto a la que una especie de insecto ha evolucionado) le informan a este de la recompensa alimenticia que va a recibir por su visita. Y, si bien algunos insectos se han especializado en flores de colores concretos, la realidad es que existen tonalidades (como el amarillo) que atraen a casi cualquier polinizador; mientras que otras (como el rojo) están restringidas a determinados tipos de animales.

El desplazamiento de los fotorreceptores que poseen los insectos hacia menores longitudes de onda impide a la

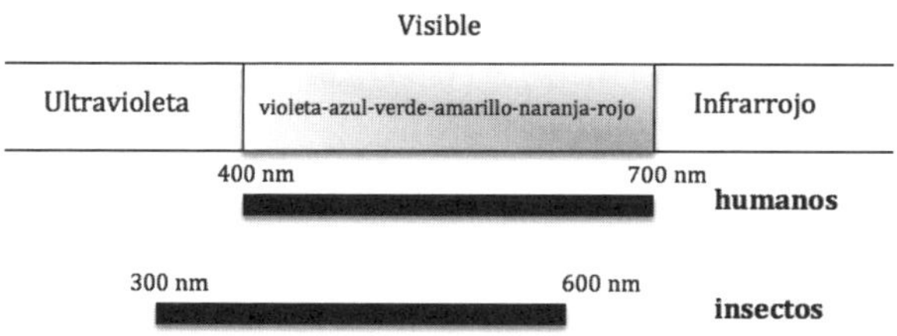

Representación del intervalo de longitudes de onda que pueden percibir los humanos (arriba) y la mayoría de los insectos (abajo). Podemos observar como la zona del espectro electromagnético al que son sensibles los insectos se ha desplazado unos 100 nm hacia la izquierda respecto a la zona del espectro a la que somos sensibles los humanos. De este modo, los insectos perciben la radiación emitida dentro de una pequeña zona del ultravioleta, así como todos los colores del visible (a excepción del rojo). Algunas mariposas constituyen una anomalía dentro del mundo de los insectos, pues sabemos que también pueden percibir el color rojo.

inmensa mayoría de ellos ver el color rojo, y, aunque recientes investigaciones han demostrado que a pesar de ello poseen la capacidad para diferenciarlo de otros colores, las flores con esta tonalidad no resultan tan atractivas para los insectos como lo son, por ejemplo, para las aves.[4, 5] De todos modos, tampoco debería extrañarnos observar a muchos insectos alimentándose del néctar de flores encarnadas, más que nada porque algunas de ellas (como es el caso de la amapola), además del color rojo, reflejan luz ultravioleta que los insectos perciben sin problema.[6]

La fragancia del éxito

A tenor del enorme éxito que tienen las angiospermas, no cabe duda de que los colores de las flores conforman una estupenda estrategia para implicar a millones de consumidores de néctar en su polinización. No obstante, esta táctica tiene un pequeño y sutil inconveniente: para que los colores de las flores se puedan ver, se necesita luz que los refleje. A algunas angiospermas —como el dondiego de noche (*Mirabilis jalapa*), el galán de noche (*Cestrum nocturnum)* o la reina de la noche (*Epiphyllum oxypetalum*), que no es una famosa *drag queen*, sino un cactus epifito de enorme flor blanca, cuya existencia se prolonga durante una sola noche— les va más la juerga nocturna, así que acostumbran a dejar ver sus flores solo al caer el sol. La estrategia de abrir sus pétalos cuando el resto los está replegando permite a estas plantas noctámbulas disminuir la enorme competencia por los polinizadores que se produce durante el día; pero presenta el inconveniente de que el color de sus pétalos difícilmente va a destacar bajo ese negro manto de oscuridad. La mayoría de las plantas que son polinizadas por la noche poseen flores blancas o teñidas de colores pálidos que facilitan su localización al contrastar ligeramente con la negrura del entorno que las envuelve. Pero lo cierto es que la tonalidad de sus flores se muestra poco relevante, pues la artimaña que utilizan estas plantas para atraer a los polinizadores nocturnos no se basa en el sentido de la vista, sino en el del olfato. El intenso perfume que desprenden las plantas de polinización nocturna tiene como objetivo guiar hacia sus flores —ocultas en la opacidad de la noche— a aquellos polinizadores que, como las polillas o los murciélagos, también han elegido moverse entre las tinieblas.

La síntesis de compuestos químicos que guían a los polinizadores hasta la flor a modo de potentes señales olorosas es una adaptación tremendamente útil para las plantas que son polinizadas durante la noche, pero que de ninguna manera se restringe a los vegetales de hábitos nocturnos (ni tampoco su olor es siempre tan agradable y evocador como exaltan en sus versos los poetas románticos). La flor de lagarto (*Stapelia variegata*), la flor cadáver (*Amorphophallus titanum*) y la flor de la planta parásita *Rafflesia arnoldii* abren sus pétalos a plena luz del día, y atraen a sus polinizadores liberando una potente esencia que huele a... podrido. Las flores de estas plantas tienen por polinizadores a diferentes tipos de dípteros que, como las desagradables moscas de la carne del género de los califóridos, se alimentan de restos en descomposición; y, como me imagino que todos ya sabremos, el cadáver de un animal no huele precisamente a Chanel n.º 5.

La mímesis con los olores que encandilan a los polinizadores es una curiosa estrategia adaptativa, y algunas plantas la han llevado un paso más allá al ser capaces de modificar las esencias que liberan sus flores en función del polinizador al que desean atraer. Así, en una investigación desarrollada hace ya varias décadas en las Montañas Rocosas, los científicos descubrieron que las flores de *Polemonium viscosum* (una pequeña planta de flores violetas que crece pegada a la roca en zonas montañosas) poseían dos tipos de fragancias: una dulce y otra apestosa.[7] Lo curioso es que ambas esencias no aparecían con igual frecuencia entre las flores de las plantas: la abundancia del aroma dulce o del apestoso dependía de la altitud en la que la planta se desarrollaba. En altitudes comprendidas entre los 3.528 y los 3.640 metros predominaba la fragancia apestosa, mientras que en altitudes superiores lo hacía la dulce. A pesar de esta observación, los investigadores dedujeron que en realidad la altura estaba ocultando a los verdaderos responsables del polimorfismo que presenta el vegetal: los insectos que lo polinizan. La polinización de la planta *P. viscosum* recae de forma exclusiva en los insectos, y resulta que a elevadas altitudes la tarea de polinización la desarrollan los abejorros, cuya presencia es notoriamente inferior al disminuir la altura. En este estudio se observó que los abejorros elegían preferentemente aquellas plantas con flores de fragancia dulce y evitaban las apestosas; pero en áreas menos elevadas, los abejorros escaseaban, y la polinización recaía fundamentalmente en las moscas (que, como ya habremos deducido, se decantan por los olores apestosos).

Las fragancias exhaladas por las flores de las angiospermas comparten un objetivo común con los colores que tiñen los pétalos de sus corolas: promocionar a la planta para atraer hacia ella el mayor número de polinizadores, que, una vez hayan localizado la flor, procederán a alimentarse de su néctar. De modo que las esencias florales no constituyen un fin en sí mismo para el polinizador, sino que son, simplemente, las señales que lo guían hacia el alimento que andaba buscando. Bueno, al menos esa era la percepción dentro del mundo científico hasta que se descubriese a las abejas del género *Euglossini* y la costumbre que tienen sus machos de acicalarse con las esencias que fabrican ciertas orquídeas.

Los machos de las abejas de las orquídeas (como comúnmente se denomina a las 200 especies de himenópteros del género *Euglossini*) se vuelven locos por un buen perfume. Tanto, que hasta han desarrollado unas estructuras especiales en forma de bolsillo en las tibias de sus patas traseras, donde acumulan las sustancias aromáticas que obtienen de las plantas. Los científicos han descubierto que tan metrosexuales insectos liberan, a través de la boca, una sustancia cerosa que, una vez depositada sobre la orquídea, es capaz de atrapar las esencias florales que esta ha fabricado.[8] Seguidamente, la abeja utiliza una especie de cepillo que posee en el extremo de sus patas anteriores para barrer y recoger de la superficie de la planta las gotas grasientas en las que se han disuelto las esencias para, posteriormente, transferirlas con rapidez a una minúscula hendidura situada en la tibia de sus patas traseras que hará de recipiente para esta singular colonia.

Lo que todavía no queda claro es la utilidad que esta *eau de bichejó* —elaborada por los machos de las abejas de las orquídeas— tiene para ellos. Se especula con la posibilidad de que la utilicen para preparar las feromonas con las que posteriormente atraerán a las hembras, o de que se trate de un regalo nupcial que las hembras emplean para mantener el nido limpio eliminando a los microorganismos, e incluso se conjetura con la teoría de que el perfume sirva para atraer a otros machos de su misma especie con los que formar un *lek*

La imagen izquierda corresponde a las flores del dondiego de noche (*Mirabilis jalapa*), cuyas agradables esencias atraen a los polinizadores durante la noche. En la imagen derecha, vemos la enorme inflorescencia de la *Amorphophallus titanum*, conocida como «flor cadáver» por la pestilencia que libera con el objetivo de atraer a las moscas que la polinizan.

reproductor.[9] En contraste con los anteriores interrogantes, un interesante aspecto que sí conocemos es que las especies de orquídeas encargadas de suministrar las sustancias aromáticas a los machos de la abeja apenas elaboran néctar, lo que reafirma la idea de que los machos de las abejas del género *Euglossini* no frecuentan las flores de estas plantas para alimentarse, sino para acicalarse con los olorosos productos que fabrican.

La belleza está en el exterior

Los colores que pigmentan los pétalos y las fragancias que la flor esparce por el aire conforman las estrategias de *marketing* más llamativas de entre las implementadas por las angiospermas, ya que no solo llaman poderosamente la atención a unos espectadores inertes como somos nosotros, sino, sobre todo, a los polinizadores (a los que realmente van dirigidas estas señales). Sin embargo, existe otro elemento floral que probablemente a los humanos nos pase más inadvertido —aunque no así a los polinizadores—, y es que los vegetales también han ido modelando la apariencia física de sus flores con el objetivo de asegurarse la polinización.

Los polinizadores no eligen una flor basándose exclusivamente en su olor o en su color: también tienen muy en cuenta la morfología y el grado de adecuación que esta presenta a las estructuras anatómicas y al comportamiento del propio polinizador. Así, los escarabajos se decantan por las flores con pétalos muy abiertos, pues exponen atrevidamente las estructuras reproductoras que suelen masticar estos insectos. Los dípteros poseen una probóscide reducida, lo que motiva que solo polinicen flores cuyo néctar se localiza en receptáculos muy cortos y expuestos. Las mariposas pueden libar con sus largas trompas en busca del néctar en receptáculos más profundos, pero acostumbran a hacerlo reposando sobre la flor, por lo que una plataforma floral donde apoyarse constituye un requerimiento indispensable.

Normalmente, la forma que adquiere una flor le permite asegurarse la visita de un amplio espectro de polinizadores; sin embargo, en algunos contextos, la planta se ha especializado en un polinizador en concreto, y esta resolución ha dado como resultado unas arquitecturas florales únicas y excepcionales. Flores de morfología extraordinaria, como la anteriormente mencionada *Angraecum sesquipedale* y su larguísimo espolón, cuyo néctar solo es accesible para la desproporcionada probóscide de las polillas pertenecientes a la especie *Xanthopan morganii praedicta*, o como las orquídeas del género *Ophrys*, poseedoras de un labelo que recrea la forma y los colores del abdomen de las hembras de aquellos himenópteros que participan en su polinización.[10]

La estrategia de polinización que utilizan las orquídeas del género *Ophrys* no podría ser más curiosa: consiste en atraer hasta su flor a los machos de algunas especies de abejas, avispas e incluso escarabajos para que intenten copular con una parte de la propia flor (a la que han dado forma imitando el abdomen de una hembra). Cuando un macho de abeja localiza una orquídea del género *Ophrys* con este tipo de labelo, no duda en intentar montarse sobre la estructura de la flor, realizando una seudocópula que solo puedo imaginar frustrante e infructuosa para el insecto. Con frecuencia, el insecto engañado por la planta lleva adherido en su cuerpo las polinias de otras orquídeas a las que ha visitado con anterioridad, y durante lo que para él es una simple refriega sexual con la que busca fertilizar a una hembra, lo que realmente está haciendo es polinizar a la planta que lo ha engañado.[11] Para colmo, estas orquídeas no fabrican néctar con el que, por lo menos, recompensar por tal humillación al donjuán burlado (ya se sabe que las penas con pan son menos), simplemente por el hecho de que evolutivamente les ha salido más rentable invertir sus recursos en una modificación estructural de los pétalos de sus flores que en la síntesis de alimento con el que retribuir al insecto.

Un aspecto que conviene destacar es que, a pesar de lo que *a priori* nos pudiera parecer, no es en el labelo modificado de la orquídea donde recae la tarea inicial de atraer al macho polinizador, sino que esta función la desempeñan una serie de sustancias químicas (liberadas por la propia planta) que imitan las feromonas sexuales del insecto. Los científicos han descubierto que la orquídea *Ophrys sphegodes* sintetiza un conjunto de esencias similares en composición y proporción a las feromonas sexuales que utiliza la hembra de la abeja solitaria *Andrena nigroaenea* para atraer al macho.[12] Así, la combinación de la forma y los colores del labelo con las esencias expelidas por la flor permiten a estas orquídeas utilizar al pobre macho de *A. nigroaenea* para su polinización, pero sin invertir ni un céntimo en la producción de néctar.

Algunas de las modificaciones estructurales que han surgido como consecuencia de la adaptación de las flores a sus polinizadores no son tan espectaculares como las que presentan las orquídeas *A. sesquipedale* y *O. sphegodes*, pero compensan la falta de ostentación con su capacidad para

En la imagen izquierda podemos ver a una pareja de coleópteros alimentándose del néctar de una planta con las estructuras reproductoras desprotegidas y expuestas. En la imagen derecha se muestra la orquídea *Ophrys sphegodes* con el labelo imitando el abdomen de una hembra de la abeja solitaria *Andrena nigroaenea.*

algo que, hasta hace muy poco tiempo, resultaba inimaginable: ¡susurrar a los murciélagos!

Seguramente no descubra nada nuevo si digo que los murciélagos son unos animales nocturnos que se mueven por la oscuridad gracias a un biosonar que les informa de los obstáculos que se localizan a su alrededor. El animal emite unas ondas de alta frecuencia que rebotan sobre los objetos, generando un eco de retorno que, al llegar de nuevo hasta el mamífero, le permite reconstruir fielmente el entorno en el que se mueve. Además, cabría agregar que los murciélagos son unos estupendos polinizadores y dispersores de los frutos de las angiospermas, por lo que en algunos ecosistemas las plantas han adaptado las formas de sus flores y frutos a las exigencias de estos animales.

La adaptación a los murciélagos polinizadores que con mayor frecuencia presenta una planta consiste en exponer sus flores colgando en racimos de largos pedúnculos —como una piñata en una fiesta de cumpleaños—, de modo que los mamíferos alados las detecten fácilmente mediante su ecolocalización y, posteriormente, puedan abordarlas con comodidad. Sin embargo, en los últimos años se ha descubierto un buen número de plantas que, aun sin cumplir el anterior requisito, son polinizadas con una extraordinaria eficacia por parte de los murciélagos; y lo más sorprendente es que estas plantas no solo carecen de pedúnculos alargados que faciliten la localización de sus flores, sino que, para colmo, se desarrollan entre una densa espesura vegetal que impide un funcionamiento eficaz del sentido del quiróptero.

En un área con una elevada concentración de plantas de diferentes tamaños, ramas, hojas y frutos orientados en todas las direcciones del espacio, los múltiples ecos que retornan hacia el murciélago son aleatorios, y van variando constantemente cada vez que el animal cambia de dirección durante el vuelo. Tal amalgama de señales volubles permite al murciélago obtener una imagen global del territorio por el que se mueve, pero del mismo modo también le impide localizar una flor en concreto. Precisamente esta es la cuestión que sorprendía a los científicos: ¿cómo es posible que en un ambiente sobrecargado de plantas, el murciélago sea capaz de ubicar con precisión las flores de las que se quiere alimentar? Pues los propios investigadores han descubierto que la respuesta a este interrogante se encuentra en las hojas de la planta; aunque no en todas ellas, sino únicamente en unas muy singulares que adoptan una particular forma que les permite reflejar el eco con una intensidad constante e independiente de la dirección por la que se acerque el murciélago. Para que podamos hacernos una idea de cómo el animal percibe la señal de estas hojas tan especiales, podemos extrapolarlo a lo que nos ocurre durante un ataque de migraña: acompañando al dolor, es frecuente que una serie de luces (que van cambiando de intensidad y de color según nos vamos moviendo) llenen nuestra visión. Imaginad que, dentro de este inestable panorama luminoso, aparece un punto que mantiene la misma tonalidad y brilla con igual intensidad independientemente de la posición que adoptemos. Bueno, pues ahora dirigíos hacia ese punto: ¿a que no resultaría difícil, a pesar del caos de señales cambiantes que reinara alrededor?

La *Marcgravia evenia* es una planta que se desarrolla en los bosques tropicales cubanos cuya polinización recae fundamentalmente sobre la acción de los murciélagos. Este vegetal posee una hoja modificada con forma de plato situada justo por encima de sus inflorescencias que, en opinión de los científicos, le permite mantener un eco homogéneo para el biosonar del murciélago. Este eco actúa a modo de señal acústica pasiva, y los murciélagos la detectan sin el menor problema (incluso entre la espesura de la selva). Las sospechas de que la *M. evenia* utiliza estas hojas especiales para comunicar su situación a los murciélagos se vieron confirmadas por una investigación desarrollada en el año 2011, durante la que se utilizó como conejillo de Indias al pequeño murciélago siricotero de Pallas (*Glossophaga soricina*), por el sencillo motivo de que es un importante polinizador de esta planta en la selva.[13]

Con el objetivo de determinar la eficacia de la hoja en forma de cuenco que posee la *M. evenia* para comunicarse y atraer a los murciélagos hasta sus flores, los investigadores escondieron un pequeño cuenco con alimento entre un denso follaje artificial. La idea era que este fuera localizado por los individuos de *G. soricina*, por lo que los científicos lo dispusieron de tres maneras distintas: solo, asociado a una hoja normal del follaje, y asociado a una hoja que simulaba las características de la poseída por la *M. evenia*. Los resultados mostraron que la presencia de la hoja con forma similar a la de la *M. evenia* que se encontraba junto al recipiente con la comida minimizó ostensiblemente el tiempo que los murciélagos invirtieron en localizar el alimento; razón por la cual se concluyó que la presencia de la «hoja que susurra a los murciélagos» incrementa en un 50 % la eficacia en la localización de la flor por parte del quiróptero.

Los humanos nos consideramos unos expertos en *marketing*, capaces de vender lo útil, pero también lo absolutamente inútil e innecesario; pese a ello, en comparación con las plantas todavía somos unos advenedizos. Los vegetales han

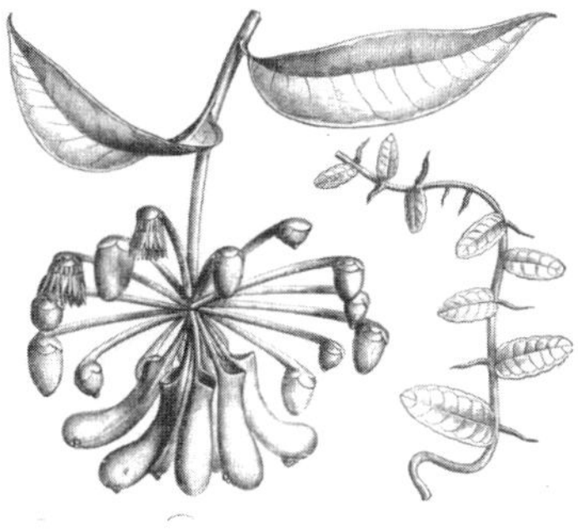

Inflorescencia de *Marcgravia evenia*, en cuyo extremo superior se puede observar la hoja modificada en forma de cuenco que mantiene un eco homogéneo entre el «ruido» de la selva, lo que permite al murciélago localizarla con precisión.

aprendido a vender sus flores y sus frutos a todo tipo de insectos, aves y mamíferos, empleando para ello una increíble variedad de colores, una inimaginable diversidad de esencias y los más imaginativos diseños. Dicho esto, no me queda más que preguntar: ¿alguien se atreve a rebatir la idea de que las plantas son… puro *marketing*?

11

¡Te quiero!… pero de lejos

Dicen que el tiempo corre que es una barbaridad, pero yo matizo que en determinados contextos lo hace con mayor celeridad que en otros. Así, por un lado, los expertos argumentan que para observar el cambio climático en el que nos encontramos inmersos es necesario mirar hacia atrás con una perspectiva de, al menos, 50 años; en cambio, por otro lado, para ser conscientes del profundo cambio que ha sufrido la educación de nuestros jóvenes dentro del ámbito familiar basta con echar la vista un par de décadas hacia el pasado (más o menos, el tiempo que separa mi época de adolescente atolondrado de la actual como adulto no menos desorientado). Rebuscando a lo Karina en el baúl de los recuerdos, revivo aquellas interminables reprimendas cuando llegaba a casa con el inglés cateado y mis padres hacían oídos sordos a los lagrimones de cocodrilo que acompañaban la clásica letanía de protestas por la manía que me tenía el profesor. Regañinas que hoy en día me siguen llegando —sí, lo reconozco, a veces todavía de mis padres—, la mayoría de las ocasiones de los progenitores de otros: los papás y mamás de mis alumnos. Y es que en el nuevo paradigma social que estamos creando entre todos, la responsabilidad individual —que antaño era una virtud que se adquiría durante la niñez— se ha convertido en un estigma que debemos evitarles a toda costa a nuestros hijos. La sobreprotección que madres y padres del siglo XXI tenemos para con nuestras criaturas está generando individuos profundamente inmaduros que no solo son incapaces de responsabilizarse de sus actos y decisiones, sino que también se muestran totalmente dependientes de sus progenitores.

Es difícil encontrar en la historia de la humanidad otro contexto social que sea similar al que vivimos en la actualidad, en el que individuos ya dentro de su tercera década de vida mantengan comportamientos y necesidades que antes solo se les admitían a los preadolescentes. Y si en el curso de las complejas y heterogéneas sociedades humanas no existe un claro trasunto de esta situación, ni que decir tiene que en el resto de la naturaleza tampoco nos será posible encontrar algo parecido. Lo cierto es que la mayoría de los animales ni siquiera se preocupan de sus descendientes, y los que cuidan de sus crías invierten el tiempo indispensable para enseñarles todo aquello que necesitan saber para defenderse por sí solos durante una vida independiente. En el mundo de las plantas, la cosa es aún más radical: en general, cuanto más lejos de sus progenitores se desarrollen los vástagos, más probabilidades tendrán de sobrevivir, tanto ellos como su especie. Así, mientras que en nuestra sociedad algunas madres acaban irrumpiendo en la peña durante las fiestas del pueblo para asegurarse de que su chiquitín de treinta y tantos ha echado el aire del último cubata, por su lado —y como radical contraste—, los progenitores vegetales se quitan a sus hijos de encima incluso antes de que estos hayan nacido.

Múltiples investigaciones han llegado a la conclusión de que, al menos de un modo general, el índice de mortalidad de las semillas tiende a ser muy elevado cuando estas tratan de germinar junto a los que han sido sus progenitores. En cambio, las opciones de supervivencia de aquellas que consiguen separarse de la protección de sus papás aumentan radicalmente al alejarse de ellos.[1] Los científicos han comprobado que la mayor parte de los depredadores que se alimentan de las semillas y de los pequeños plantones se acumulan próximos a los vegetales adultos; que allí, en el mundo de los mayores, las enfermedades infecciosas presentan una mayor prevalencia debido a la proliferación de patógenos entre los individuos adultos; y, sobre todo, que en el hogar paterno la competencia por los nutrientes, el agua y la luz suele ser tan intensa que pone en serias dificultades a cualquier pequeño vegetal que quiera salir adelante. Mas la importancia de germinar lejos de casa no se limita a escapar de los inconvenientes que presenta vivir bajo las estrictas normas de papá y mamá, sino que también dota al vegetal de la posibilidad de «conocer mundo» y colonizar nuevos territorios. Teniendo en cuenta que las condiciones ambientales que se dan en el hábitat concreto dentro del que se desarrolla una especie vegetal pueden verse modificadas con el paso del tiempo, dispersar las semillas hacia otros entornos podría ser la clave para asegurar la supervivencia de la especie.

Tan importante resulta tomar distancia de los progenitores que la evolución ha dotado a las plantas de una enorme cantidad de increíbles adaptaciones para catapultar lo más lejos posible a sus futuros descendientes. La multitud de mecanismos que implementan los vegetales para dispersar sus semillas nos confirma la gigantesca plasticidad que poseen unos organismos que, para algunos —claramente equivocados—, tan solo conforman elementos decorativos con los que engalanar las calles y parques de la ciudad.

Con frecuencia, el proceso de dispersión de las semillas puede ser un evento solitario, pues algunas de ellas emigran de forma individual en busca de su destino; en otras muchas ocasiones, sin embargo, las semillas viajan en grupo, protegidas por el fruto que fabricaron sus progenitores. Incluso, en algunos casos concretos (como el de la *Salsola kali*) es la propia planta la que se pone en marcha para asegurarse de dispersar adecuadamente sus semillas.

La *S. kali* se desarrolla en ambientes salinos y semidesérticos, y su origen se sitúa en las estepas siberianas. Actualmente, sin embargo, gracias a su eficaz mecanismo de dispersión y a una inestimable ayudita de los humanos, está repartida por medio mundo. Imagino que a la mayoría de los lectores el nombre de *Salsola kali* les sonará, más que a un vegetal extremadamente resistente a la sal, a alguna actriz china de la pelis de Zhang Yimou; pero quizás, si añadimos el dato de que esta planta ha aparecido en los wésterns americanos más veces que Clint Eastwood y John Wayne juntos, seamos capaces de ponerle «cara». La *S. kali* es un vegetal espinoso que, durante la segunda mitad del año, aparece en los entornos más áridos formando pequeños arbustos; los seis meses restantes, cuando ya ha madurado y se ha secado de forma definitiva, los pasa dando vueltas por el suelo como el tambor de una lavadora. Y es que, una vez que la planta se ha marchitado, el tallo que la unía al suelo se seca y se fractura, lo que permite que el vegetal —ahora, en forma de bola— corra arrastrado por el viento de un lado para otro mientras dispersa entre 30.000 y 200.000 frutos de semilla única.[2] Lo cierto es que el mecanismo de dispersión que emplean estas pelotas vegetales secas —y que a veces creo ver rodar a través de la tarima de la clase cuando pido un voluntario para resolver los ejercicios— no es para nada frecuente, pues lo más habitual es que el viento no arrastre a la planta completa, sino solo a sus semillas.

De hecho, multitud de plantas han adaptado la forma y el tamaño de sus simientes con la finalidad de optimizar el proceso de dispersión mediado por el viento. Así, las orquídeas presentan unas minúsculas semillas (de entre 0,15 y 0,30 microgramos) que son fácilmente arrastradas durante cientos de kilómetros por el viento.[3] El problema que presentan estas semillas similares al liviano polvo es que la disminución tan exagerada de su tamaño, tan útil para viajar suspendidas en el aire, dificulta su posterior germinación.

La semilla de una planta está constituida, además de por el embrión que conforma la planta en potencia, por una estructura llamada «endospermo» que contiene los nutrientes que el futuro vegetal utilizará durante las primeras etapas de su crecimiento, cuando todavía no dispone de una raíz, tallo y hojas correctamente desarrollados y, por tanto, no puede obtener su alimento mediante la fotosíntesis. El endospermo está prácticamente ausente en las menudas semillas de las orquídeas, de modo que, para que la simiente pueda germinar, necesitará la colaboración de otro organismo capaz de aportarle los mismos nutrientes de los que su insignificante endospermo carece. Y resulta que estas solidarias criaturas van a ser los hongos de los géneros *Rhizoctonia*, *Tulasnella* o *Ceratobasidium* que habitan en el suelo, con los que la orquídea establecerá una relación endomicorrícica.[4]

Obviamente, para volar es necesario que el peso no sea una limitación insuperable; más allá de eso, no hay nada mejor para surcar tranquilamente los cielos que poseer unas buenas alas. Mucho antes de que los hermanos Wright inventaran el primer avión, la naturaleza ya había dotado a los vegetales de semillas con estructuras aerodinámicas que facilitaban su dispersión a través del aire. Las semillas del diente de león (*Taraxacum officinale*) o del chopo (*Populus* spp.) poseen una especie de pelos plumosos (llamados «vilanos») que actúan a modo de paracaídas, lo que facilita el desplazamiento pasivo de la semilla por el aire. Las corrientes de aire (o el soplido de un niño pidiendo un deseo) arrastran los vilanos de la *T. officinale* como si de un globo aerostático se tratara, lo que aleja la semilla del área de influencia de sus progenitores. No obstante, para encontrar semillas dotadas de verdaderas alas tendríamos que dar un paseo por el bosque en busca de los cada vez más escasos olmos (*Ulmus* spp.), asediados por la grafiosis.

La grafiosis es una enfermedad de origen fúngico transmitida de olmo a olmo por los escarabajos del género *Scolytus* que está terminando con estos icónicos árboles, en los que encontraremos semillas dotadas con rudimentarias alas que facilitan su dispersión por la acción del viento. Las simientes del olmo están flanqueadas por delgadas membranas redondeadas que les permiten planear en línea recta, recorriendo una distancia proporcional a la altura desde la que se abaten. Se trata de un movimiento sencillo y limitado que la naturaleza ha optimizado eliminando una de las alas y alargando la superficie de la otra hasta formar el aspa de una hélice. Tal es el caso de las semillas tipo sámara que caracterizan a los arces (*Acer* spp.), con las que seguramente de niños habremos jugado en el parque simulando un helicóptero. Podría parecernos que el movimiento helicoidal que describen estas peculiares estructuras es la mar de sencillo, pero nos equivocaríamos, pues tras el giro de las sámaras se esconden diferentes procesos físicos que optimizan la dispersión de la semilla. Así, en determinados puntos del ala

Imagen superior izquierda: ejemplar de *Salsola kali* dispersando sus semillas mientras gira arrastrado por la acción del viento. Imagen superior derecha: vilanos que transportan las semillas del diente de león (*Taraxacum officinale*). Imagen inferior izquierda: semillas de olmo (*Ulmus* spp.). Imagen inferior derecha: semillas tipo sámara de arce (*Acer* spp.).

se generan unos pequeños vórtices que ocasionan zonas de baja presión y que favorecen la sustentación de la semilla en el aire, similares a los que permiten el vuelo de insectos y murciélagos. Utilizando la estructura tipo sámara y ayudada por el viento, la simiente del arce puede recorrer mayores distancias, alejándose de la mala influencia de sus progenitores y colonizando otros territorios.[5]

Dispersión explosiva

Si hay algo que los chicos de mi generación aprendimos con los episodios del *Equipo A* o con las pelis de Bud Spencer —además de que en la tele se pueden disparar cientos de miles de proyectiles y repartir andanadas de bofetones a dos manos sin que nadie sufra ni el más mínimo rasguño— es que no siempre hacen falta las alas para volar. Del mismo modo que las galletas que repartía el inseparable compañero de Terence Hill elevaban varios metros sobre el suelo a los inconscientes que osaban enfrentársele, existen vegetales que se deshacen de sus semillas haciéndolas volar con similar violencia mediante un proceso conocido como «dehiscencia explosiva».

El *Hura crepitans* es un árbol originario del continente americano que alcanza con cierta facilidad los 60 metros de altura, poseedor de un tronco recubierto de gruesas espinas y de un fruto que asemeja a una pequeña calabaza; pero que, pese a tan llamativas características, solo ha logrado alcanzar la fama gracias a la violenta y sonora estrategia que emplea para dispersar sus semillas. El método que utiliza este árbol consiste en hacer saltar el fruto por los aires una vez que este ha adquirido un adecuado grado de madurez. La explosión del fruto lanza las semillas del árbol a velocidades superiores a los 150 kilómetros por hora, lo que les permite recorrer distancias de más de treinta metros. A pesar de ser conocido en algunos lugares como el «árbol de la dinamita», el *H. crepitans* no utiliza munición alguna para dispersar sus semillas: el estallido del fruto es debido a la arquitectura que este presenta, así como a la pérdida de agua que le acontece durante la maduración. El fruto del *H. crepitans* está formado por varios carpelos que simulan los gajos de una mandarina y que están unidos a un eje central. El proceso de maduración del fruto va indisolublemente asociado a una intensa deshidratación; de modo que la pérdida de agua acentúa las divisiones entre los carpelos, provoca su retracción, y el aumento de las fuerzas de tensión, que van incrementándose paulatinamente hasta que, finalmente, el fruto salta por los aires y las semillas se dispersan.[6]

Contrariamente a lo que sucede con el *H. crepitans*, el proceso utilizado por otras plantas durante la dehiscencia explosiva es la hidratación del fruto, y no la pérdida de agua. Este es el caso del *Impatiens capensis*, un vegetal de hermosas flores naranjas que crece al amparo de la humedad junto a los arroyos en Norteamérica y que, al igual que el *H. crepitans*, utiliza la dehiscencia explosiva para diseminar sus semillas. Esta planta posee un fruto en forma de vainas colgantes, cada una de las cuales está formada, a su vez, por cinco valvas que se cierran sobre las semillas (como lo hacen los dedos de una mano para formar un puño). Durante la maduración, el fruto del

Fruto todavía verde de *Hura crepitans* en el que se observan los diferentes carpelos, con forma de gajos, que lo constituyen.

I. capensis comienza a hidratarse, de modo que las valvas que lo conforman se van hinchando y aumentando su presión debido a la turgencia que adquieren las células al llenarse de agua.

Los científicos han descubierto que, bajo estas condiciones de hidratación, las valvas del fruto se comportan como estructuras altamente eficientes para el almacenamiento de energía.[7] De modo que, durante la dehiscencia del fruto, la energía almacenada permite el rápido bobinado de las valvas y la expulsión de las semillas de la planta. El único inconveniente es que las valvas hidratadas son tan eficaces almacenando energía como pésimas transmitiéndosela a las semillas: tan solo el 0,51 % de la energía que han acumulado las valvas del fruto del *I. capensis* se transfiere a sus semillas. Este es el motivo por el que la dehiscencia explosiva conforma para el *I. capensis* una estrategia que debe ser complementada por otra técnica de dispersión secundaria (como el agua o los insectos) que aleje en mayor medida las semillas de su progenitor. Además, las vainas maduras e hidratadas del *Impatiens capensis* necesitan un pequeño estímulo para desencadenar la expulsión violenta de sus semillas: algo así como una suave brisa, el impacto de las gotas de lluvia o el roce de

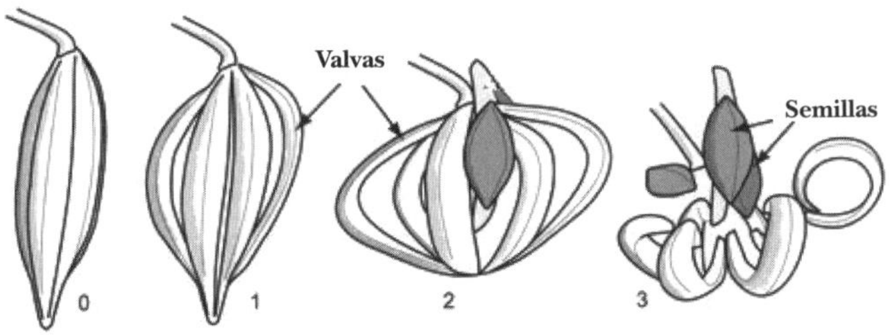

Proceso de dehiscencia explosiva en los frutos tipo vaina del *Impatiens capensis*. La hidratación provoca que las valvas que conforman el fruto comiencen a hincharse mediante un proceso de turgencia (1). Durante este proceso, las valvas van almacenando energía mientras se deforman (2). Finalmente, se produce el bobinado repentino de las valvas del fruto y la expulsión de las semillas (3). Imagen modificada de Hayashi *et al.*, 2009, p. 2046.

un animal. Sin embargo, conocemos frutos que precisan de algo más intenso para poder estallar que una suave caricia (por ejemplo, un aporte extra de calor).

Precisamente el incremento de la temperatura actúa como detonante del proceso de dehiscencia explosiva más curioso y espectacular que podemos observar en la naturaleza: ¡las calabazas explosivas! Y, aunque a algún lector con un nivel de frikismo similar al mío esta idea le pueda recordar a los proyectiles que utilizaba el Duende Verde para atacar a Spider-Man, lo cierto es que, más allá de los cómics de superhéroes, existen calabazas capaces de detonar de forma espontánea. Las semillas de algunas plantas de la familia de las cucurbitáceas se encuentran inmersas en una matriz con propiedades efervescentes; de modo que el aumento de la temperatura provoca la liberación del CO_2, de forma similar a cuando agitamos una lata de cerveza y maliciosamente se la ofrecemos a un amigo. El incremento del gas carbónico provoca, a su vez, un aumento de la presión en el interior del fruto; hasta que, cuando las paredes externas de la calabaza son incapaces de soportar la presión interna ejercida por el CO_2, el fruto estalla en el mundo real, dispersando sus semillas, como lo hacen las bombas del villano en los cómics de ficción.

A lomos de un animal

Es mucho el tiempo que plantas y animales llevan coexistiendo e interaccionando las unas con los otros como para que la evolución haya perdido la oportunidad de utilizar a los animales como agentes diseminadores de los propágulos vegetales. De hecho, tan grande es la cantidad de mecanismos que implementan las plantas para conseguir que los animales transporten sus semillas que hasta los humanos les hemos asignado un nombre: zoocoria.

La estrategia zoocórica más sencilla —y, probablemente, también la más antigua— consiste en dotar a las semillas o al fruto en el que estas viajan de ganchos, pinchos o espinas que se agarren con fuerza al pelo, las plumas o las pezuñas de los animales. Las semillas o los frutos permanecen enganchados durante un tiempo al cuerpo de un animal, hasta que este se acicala, muere o, simplemente, los pierde por el camino, lo que permite que la semilla alcance un lugar en el que germinar alejado de sus progenitores. Así, los frutos de la *Arctium minus* están recubiertos de una espesa capa de minúsculos ganchos que les permite asirse al pelo de los animales que forrajean junto a estas plantas que crecen en el margen de casi cualquier camino. Los ganchos del fruto conforman inicialmente un mecanismo defensivo que no adhiere, sino que pincha; pero cuando el fruto ha madurado y las semillas están listas para ser dispersadas, los ganchos se secan y endurecen, y el fruto es arrancado con extraordinaria facilidad por cualquier animal que lo roce.[8] Es probable que algún lector recuerde los frutos de la *A. minus* debido al histórico hecho de que el ingeniero suizo Georges de Mestral los utilizó como modelo para crear el velcro; mas personalmente yo tengo mayor tendencia a acordarme de los frutos espinosos del abrojo (*Tribulus terrestris*) y de todos sus ancestros, incapaces de discernir entre la pezuña de una vaca y un pinrel descalzo del 44 cada vez que, al volver a la toalla, me olvido las chanclas junto al borde de la piscina.

No cabe duda de que revestir el fruto o la semilla con ganchos y anzuelos conforma una estrategia exitosa para cabalgar subido a lomos de una bestia; pero en muchas ocasiones, cuando una planta quiera pescar un lindo animalito que disperse su simiente, no le va a bastar simplemente con poner un anzuelo... sino que necesitará, además, ingeniarse un atrayente cebo. Conocemos más de cuarenta familias de plantas cuyas semillas llevan adherida a su superficie una pequeña estructura rica en grasas (llamada «eleosoma») procedente de la modificación de diferentes tejidos vegetales y con la que las primeras intentan atraer a las hormigas.[9] Los pequeños himenópteros recogen tan especiales semillas y las transportan a su hormiguero; después, una vez han consumido los energéticos nutrientes contenidos en el eleosoma, sacan las semillas al exterior y las acumulan en pilas de basura.

La adaptación a la dispersión mediada por estos insectos ha alcanzado un grado de especialización tal que en algunas especies vegetales la semilla no germinará hasta que su eleosoma haya sido eliminado por la hormiga, asegurándose, así, de que esta ha alcanzado un lugar adecuado —situado bien lejos de su progenitor— donde germinar.[10] Pero no nos engañemos: el eleosoma de una semilla es tan solo un aperitivo con el que se puede conquistar el minúsculo estómago de una hormiga, pero si la planta quiere utilizar animales de mayor tamaño (y que dispersen sus simientes a grandes distancias), va a tener que ser menos agarrada e invertir más recursos en preparar un buen cebo. ¿Y qué hay mejor que un colorido y dulce fruto para tentar la gula de un animal?

La mayoría de los frutos que producen las angiospermas no tienen otra finalidad que la de ser devorados por los animales para que, tras un viaje por el tracto digestivo, sus semillas sean dispersadas entre las heces. Los colores brillantes, las fragancias y el dulce sabor de un fruto maduro son las estrategias que han evolucionado de forma convergente en muchos vegetales para indicar al animal que la comida está lista para ser ingerida. Es cierto que la planta invierte muchos recursos en sintetizar un fruto que sea del agrado de los animales, pero se ve sobradamente gratificada: estos no solo esparcen las semillas por un amplio territorio, sino que además, al salir junto a las heces que fertilizan el terreno en el que germina la simiente, incrementan las probabilidades de que la plántula llegue a alcanzar el estadio adulto. De hecho, para muchas plantas es tan importante la dispersión llevada a cabo por los animales que ingieren sus frutos que, como sucedía con la pérdida del eleosoma, las semillas no se activan ni pueden germinar hasta que hayan entrado en contacto con los jugos digestivos del animal.

Seguramente, a partir de ahora, conociendo el verdadero objetivo de los frutos de una planta, miraremos de una forma diferente a los habitantes del frutero que tenemos sobre la encimera de la cocina: ya no los veremos únicamente como ese postre dulce con el que concluir una comida, sino que también nos remitirán a la mismísima evolución, pues ellos fueron los envases de semillas que esta originó. Y quizás nos haga pensar también en los coprotagonistas de tal proeza, los animales, que participan en este maravilloso proceso ingiriendo las simientes de la planta, ya se trate de fresas, cerezas, uvas, aguacates, albaricoques... ¡¡Eh!! ¡Espera! ¿Aguacates? ¡¿Pero tú estás loco?!

Tengo que reconocer la existencia de cierta desazón durante los días en que pensaba no ya en el animal poseedor de una garganta por la que debería descender una semilla del tamaño de la que posee el aguacate, sino, sobre todo, en el hipotético ojete capaz de expulsarla al exterior sin morir de un sobreesfuerzo en el intento. Podríamos pensar que grandes herbívoros como el elefante o el rinoceronte no deberían tener dificultad en ingerir frutos de gran tamaño y defecar enormes semillas; mas el problema es que tanto el árbol del aguacate (*Persea americana*) como otras plantas con frutos de similar tamaño se desarrollan en las zonas tropicales del continente americano, donde no existe una megafauna como la africana o la asiática. Circunstancia que aumenta mi grado de confusión, pues para la planta supondría una pérdida de recursos elaborar frutos y semillas que no pueden ser tragados por ningún animal; a no ser, claro, que las plantas no supieran que los animales a los que dirigen sus dádivas... ¡han dejado de existir!

Pues así es. Resulta que los frutos de gran tamaño poseedores de enormes semillas (protegidas por un grueso y duro endocarpio) que producen plantas como la *Annona purpurea*, la *Hymenaea courbaril* o la *Persea americana* aparecieron como consecuencia del mutualismo que estos vegetales establecieron con enormes animales que se extinguieron hace

10.000 años.[11, 12] Seguramente, muchos de los vegetales que adaptaron las dimensiones de sus frutos y semillas al tamaño de aquellos gigantescos perezosos y gonfoterios desaparecieron, incapaces de dispersar sus semillas, al poco tiempo de hacerlo estos enormes animales.[13] Así, hoy en día, tanto la *P. americana*, la *A. purpurea* como la *H. courbaril* son algunas de las reliquias vegetales poseedoras de adaptaciones que ya han pasado de moda, y sobreviven solo gracias a la acción de mecanismos de dispersión secundaria (como el agua, la acción gravitatoria y otros animales), que han sustituido eficazmente a los antiguos encargados de esa dispersión.

Como todos los seres vivos, las plantas invierten gran parte de sus recursos materiales y energéticos en garantizarse la descendencia. Recursos que la mayoría de las veces emplean —para sorpresa de los absorbentes padres y madres de mi generación— en desarrollar estrategias con las que alejar lo máximo posible a su futura prole. Eso no quiere decir que se despreocupen por su descendencia, sino todo lo contrario, y es que ya sabemos que las pequeñas plantas necesitan crecer lejos de sus progenitores. Así pues, podríamos asegurar, tomando prestada una emoción esencialmente humana, que las plantas quieren a sus retoños… pero de lejos.

En la imagen izquierda se muestra el fruto del abrojo (*Tribulus terrestris*) con sus temibles pinchos, que le permiten clavarse en las patas y el pelo de los animales. En la imagen derecha se pueden observar los eleosomas que decoran la parte superior de las semillas de la *Acacia confusa* y que son devorados con fruición por las hormigas.

12

La energía de la vida

Desde luego, si hay una batalla que desde primera hora de la mañana ya tengo perdida con la mayoría de mis alumnos, esa es la del desayuno. Con lo que yo —todavía empapado con los rescoldos de las sábanas— disfruto con mi zumo de naranja recién exprimido y ese pedazo de tazón de Colacao, rebosante con los cereales de la rana; no soy capaz de entender cómo unos mozos grandes como terneros avileños se pueden conformar con un simple e insípido vaso de leche fría, o con uno de esos minúsculos recipientes repletos de microorganismos que los anuncios de la tele prometen que nos protegerán hasta del ataque de Godzilla. No me extraña que los pobres chavales se arrastren semiinertes por los pasillos del instituto, semejando los zombis que han estado viendo en la serie televisiva de moda hasta las tantas de la noche. La verdad es que contemplar esas caras pálidas y apagadas, reflejo de un cuerpo derrotado y vacío de energía, no contribuye a animarme demasiado mientras los ayudo a entender cómo se factoriza un polinomio. Menos aún después de confirmar que el mareo de aquella alumna no se debía a una impresión bieberiana ante lo bien que su profesor había explicado la ley de Gay-Lussac, sino a una simple bajada de azúcar por no haber probado bocado desde la noche anterior. Mirad que insisto en lo importante que es venir bien desayunado de casa para disponer de la suficiente energía como para enfrentarse a seis horitas de profesores más o menos aburridos, de compañeros más o menos intensos y de ejercicios más o menos difíciles. Pero la persuasión no debe de ser una de mis virtudes porque, tras casi dos décadas repitiendo en el aula la misma perorata, ahora ni siquiera mis hijos me hacen demasiado caso. ¡Qué pena que no sean como plantas! ¡Qué lástima que sus reservas de energía no se recarguen con solo tumbarse al sol en el patio! Mas los animales —simples heterótrofos, nosotros— carecemos de la capacidad que poseen los vegetales para procurarse su energía y alimento apropiándose de parte de la luz que diariamente emite el sol.

En realidad, casi todos los seres vivos necesitamos de la energía que solidariamente libera nuestra estrella; porque es ella, y no un siniestro contubernio judeomasónico, la que mueve este mundo.[1] Ya sea escondida tras una sutil diferencia de temperatura, oculta en el negro y pétreo corazón de un trozo de carbón, disfrazada de refrescante cañita de cerveza con su tapa de calamares a la romana…: siempre, invariablemente, es la energía del sol la causante de los fenómenos atmosféricos y de las corrientes marinas, la responsable de calentar una casa en invierno y de que el motor del coche arranque al girar una llave; o la responsable de que unos singulares homínidos en desarrollo puedan soportar sin desfallecer una mañana entera de clases y una tarde surtida de múltiples y variadas actividades.

Antes de explicar la estrategia que los vegetales utilizan para adueñarse de una pequeña fracción de la energía que emite nuestra estrella, vamos a tratar de entender de qué forma el Sol es capaz de engendrarla. Para ello no me queda otra alternativa —sí, sí, ya sé que la terminología científica puede resultar tediosa— que recurrir a la más célebre de las ecuaciones que nos ha regalado la física (y la más tenaz competidora, junto con la cara del Che, como logotipo en las cutres camisetas de mercadillo): $E = mc^2$.

Esta famosa ecuación nos viene a decir que la energía que posee una partícula en reposo (E) coincide con el resultado de multiplicar su masa (m) por la velocidad con la que se desplaza la luz por el vacío elevada al cuadrado (c^2).[2] Enfocándolo de otro modo (sin duda más simplificado): ¡la energía y la materia constituyen las dos caras de una misma moneda!

Lo que nos está requiriendo esta ecuación de Einstein es que miremos las cosas de una forma ligeramente diferente a como acostumbramos a hacerlo, pues solo de esta manera seremos conscientes de que lo que en ciertas ocasiones se nos manifiesta como materia, bajo otras circunstancias lo hace en forma de energía. Así, con un cambio de perspectiva —subidos a las mesas del aula, al estilo de *El club de los poetas muertos*, si es necesario—, quizás seamos capaces de intuir en la materia de la que está hecho ese excesivo bocadillo de salami que devora un adolescente escuálido y larguirucho la misma energía que después le permitirá al chico meter media docena de goles durante el recreo. Si logramos mirar la materia como si también fuese energía (y viceversa), habremos dado el primer paso para entender qué es lo que está sucediendo en el interior de una estrella para que pueda emitir luz.

Como ya dijera el gran escritor y divulgador Carl Sagan, no somos sino polvo de estrellas; y, aunque estas evocadoras palabras pierdan algo de su encanto al pensar que las cagarrutas caninas con las que algunos dueños tienen a bien decorar las aceras de mi ciudad también están formadas por tan celestial ingrediente, toda la materia que vemos a nuestro alrededor procede de las reacciones de fusión nuclear que se producen en las estrellas. Cualquier material está formado por la combinación de unas minúsculas estructuras conocidas desde la Antigua Grecia como «átomos», que a su vez están constituidos por un núcleo en el que se apelotonan protones y neutrones, y por una corteza donde se localizan unas pequeñísimas partículas dotadas de carga negativa llamadas «electrones».[3]

Las gigantescas temperaturas que se alcanzan en una estrella provocan que los electrones y los núcleos de los átomos, a pesar de verse atraídos como consecuencia de sus cargas opuestas, se encuentren permanentemente separados y moviéndose a toda velocidad dentro de una especie de sopa hipercaliente denominada plasma. El intenso y caótico movimiento que se produce en el interior de una estrella es el responsable de que algunos núcleos colisionen entre sí, se fusionen y terminen originando otro núcleo más pesado, engendrando de esta manera un nuevo elemento químico. Mediante las reacciones de fusión nuclear que se producen en las estrellas se forman átomos de carbono, oxígeno o fósforo; si bien para crear la mayoría de los elementos químicos que ordenadamente vemos representados en la Tabla Periódica, y que combinados también observamos en toda la materia que conforma el universo, se hace necesaria la enorme energía que se desprende cuando una estrella de gran tamaño estalla en forma de supernova. Nuestro astro particular es una estrella mediana, por lo que no terminará sus días como una supernova, y jamás podrá engendrar elementos tan pesados como el oro o el plomo. No obstante, posee la energía suficiente como para fusionar cuatro protones procedentes de un mismo número de átomos de hidrógeno y originar, así, un nuevo núcleo de helio.

Lo realmente interesante de este proceso es que el núcleo de helio que se ha obtenido tras la fusión nuclear es ligeramente menos pesado que la suma de las masas de los cuatro protones que se han unido para conformarlo; de modo que, durante la fusión nuclear… ¡se ha producido una pérdida de materia! Aspecto que nos podría crear un nivel de confusión similar al que acontecería a un pastelero que, después de verter en un cuenco cuatro envases de harina de un kilogramo de masa cada uno, se percatara de que la mezcla solo alcanza tres kilos y medio. Mas, si recordamos la célebre ecuación que nos regaló Einstein vinculando la materia y la energía, podremos ser conscientes de que, en el Sol, esa pequeña porción de materia procedente de los núcleos de hidrógeno no ha desaparecido al formarse el nuevo núcleo de helio, sino que se ha transformado en una enorme —gigantesca— cantidad de energía emitida hacia el espacio. Así, la energía que permite que en nuestro planeta se mantenga la vida procede directamente de las reacciones nucleares que originan nuevos elementos químicos y que se producen en esa estrella amarilla situada a unos 150 millones de kilómetros sobre nuestras cabezas.

Pescadores de luz

Las plantas son unos extraordinarios organismos, que no solo son capaces de absorber una pequeñísima fracción de la energía que, en forma de luz visible, liberan las reacciones de fusión nuclear que se producen en el Sol, sino que además pueden almacenarla en el interior de moléculas químicas que permitirán al resto de seres vivos aprovecharse de una energía que, directamente, ellos no pueden atrapar. Imagino que ningún lector se sorprenderá si confirmo que a este proceso —que sustenta la vida en nuestro planeta— se lo conoce como «fotosíntesis».

La fotosíntesis es un proceso complejo que aglutina múltiples reacciones químicas, en las que se ven involucrados fotones, protones, electrones y multitud de enzimas y coenzimas diferentes; pero que, no obstante, se puede resumir en dos fases (que, por sus nombres, parecen más bien las etapas vitales entre las que se debate la creatividad de un artista): la fase luminosa y la fase oscura.[4]

Durante la fase luminosa, la planta debe absorber parte de la energía que le llega del Sol, y almacenarla temporalmente en una especie de baterías químicas que reciben los nombres de «ATP» y «NADPH».[5] La energía almacenada por la planta será empleada posteriormente, durante la fase oscura de la fotosíntesis, en la fabricación de la glucosa:

molécula química en donde la energía quedará finalmente confinada.

Ahora: ¡qué familiar resulta la afirmación de que las plantas «cogen» la luz del sol! Realmente, todos la hemos oído multitud de veces, mas ¿os habéis preguntado cómo unos vegetales son capaces de pescar algo tan singular y escurridizo como la luz? Bueno, pues de igual modo que los marineros emplean extensas mallas de hilo para atrapar a los peces, la célula vegetal utiliza una red muy especial hecha a base de pigmentos, una especie de cazamariposas de naturaleza química que, en vez atrapar lepidópteros de bellos colores, directamente apresa los bellos colores. A estas sustancias químicas que actúan a modo de red atrapando la luz se las conoce de forma genérica como «pigmentos fotosintéticos».

La verde y famosa clorofila es, sin duda, el más importante de entre los pigmentos fotosintéticos; pero otros (como los bermejos carotenos o las amarillentas xantofilas) también conforman algunos de los colorantes que necesitan los vegetales para llevar a cabo la fotosíntesis.[6] En realidad, todos los pigmentos fotosintéticos constituyen un grupo de complejas moléculas químicas que se caracterizan por presentar en su estructura, a modo del entramado de nudos que forma la red de un pescador, largas cadenas de átomos de carbono unidos mediante dobles enlaces alternos. De hecho, al igual que el tamaño de los orificios de una red determina el tipo de peces que los pescadores podrán capturar, es la diferente estructura química del pigmento la que establece el tipo de colores que la planta es capaz de retener. Así, la estructura que poseen las clorofilas les permite atrapar con facilidad la luz de longitudes de onda que se corresponden con los colores violeta, azul y rojo, pero se les escapa la luz verde (razón por la cual vemos ese color reflejado en la mayoría de las hojas de una planta). A su vez, la estructura química de las xantofilas y los carotenoides las dota de la capacidad para absorber preferentemente otros colores distintos a los que atrapan las clorofilas —o, siendo más precisos,

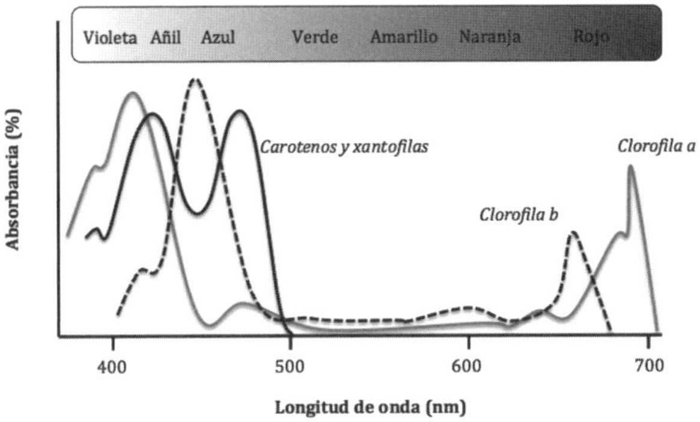

Espectro de absorción de los pigmentos fotosintéticos más importantes de las plantas. Como se puede observar, las clorofilas *a* y *b* presentan máximos de absorción en zonas muy similares del espectro, si bien las longitudes de onda, aun siendo parecidas, no son las mismas. Los carotenos y las xantofilas captan la luz en zonas del espectro que complementan la radiación que es absorbida por las clorofilas.

otras longitudes de onda—, lo que complementa y mejora la eficacia de las clorofilas a la hora de capturar la energía luminosa procedente del Sol.

Con anterioridad he comentado que, durante la fase luminosa, los pigmentos fotosintéticos de la planta, en especial sus clorofilas, atrapan parte de la energía luminosa y la almacenan en forma de energía química en moléculas de ATP y NADPH. Pero estas moléculas de extraños nombres no constituyen el depósito definitivo de la energía que ha capturado la planta (su persistencia en el interior celular tan solo alcanzará unos minutos), sino que lo será una estable, dulce e importantísima molécula llamada «glucosa».[7] Y digo «importantísima» por su capacidad para actuar como vehículo energético dentro de la cadena trófica, de modo que la energía que una vez salió del Sol y fue fijada por una planta terminará llegando a todos y cada uno de los seres vivos de este planeta. Personalmente, me seduce la idea de que la energía que me está permitiendo teclear estas frases en mi ordenador surgiera en el pasado de las entrañas de nuestra estrella, o la de que fuera capturada por una planta antes de llegar hasta mí en forma de la tostada de pan con mantequilla y mermelada que me he desayunado esta mañana.

Volviendo a la fotosíntesis: la planta sintetiza la glucosa durante la fase oscura, denominada así porque el vegetal ya no necesita de la presencia de luz, pero que de ningún modo implica que se tenga que desarrollar en la oscuridad.[8] Para evitar esta posible confusión es preferible llamarla —así, además, hacemos honor al científico que en 1961 recibió el Premio Nobel por su descubrimiento— «ciclo de Calvin». Para acercarnos, siquiera superficialmente, a este complejo proceso lo primero que tenemos que saber es que la glucosa es una molécula formada por un esqueleto de seis átomos de carbono (C) al que se unen otros átomos de hidrógeno (H) y oxígeno (O).[9] También debemos conocer que los enlaces que ensamblan los átomos del esqueleto del azúcar constituyen el lugar concreto donde la planta almacena de forma definitiva parte de la energía liberada por el Sol. Resueltos tanto el problema del origen de la energía como el lugar definitivo donde la planta va almacenarla, solo resta una cuestión por conocer: ¿de dónde saca el vegetal la materia, es decir, los átomos de C, H y O para construir la glucosa en cuyos enlaces atesora la energía?

Pues casi dando la razón a las ridículas diatribas con las que mi tía abuela trata de culpar de su obesidad a cualquier causa que no sean los bocatas de carne con tomate que se desayuna cada mañana, resulta que a las plantas sí que les engorda hasta el aire que respiran. Más que nada porque es en este fluido donde se encuentra el CO_2 que, junto con el H_2O que absorben los vegetales a través de sus raíces, suministra los átomos de C, H y O que necesitan las plantas para construir las moléculas de glucosa. Y si la planta coge el agua utilizando sus raíces, el CO_2 se introduce en el vegetal a través de los estomas de las hojas. El problema es que los estomas son simples «puertas» de entrada, o de salida, a la planta que el CO_2 puede fácilmente atravesar de un lado para otro, motivo por el que el vegetal debe capturarlo para que no se escape. Así, de igual modo que los pigmentos fotosintéticos permiten a la planta absorber la energía de la luz, también existe una sustancia química que les permite atrapar el CO_2 del aire: la RuBisCO.[10]

Mejorando prestaciones

La RuBisCO es una enzima esencial para el desarrollo de la fotosíntesis de las plantas, pues ella es la encargada de llevar a cabo la fijación del CO_2 al inicio del ciclo de Calvin y, por tanto, imprescindible para la síntesis de la glucosa. Sin embargo, esta importantísima enzima presenta una alteración en su estructura que limita su acción bajo determinadas circunstancias. Resulta que la RuBisCO es una especie de doctor Jekyll y señor Hyde, pues posee una gran afinidad por el CO_2 (aspecto que le permite llevar a cabo su fijación), pero una antiquísima mutación ha provocado que también manifieste querencia por otro tipo de molécula: el O_2.

El problema para un vegetal es que si la RuBisCO se comporta como el señor Hyde, esta no dudará en utilizar el O_2 atmosférico en vez de fijar el CO_2 del aire, y la reacción que catalizará no será una carboxilación, sino una oxidación. Que ya me imagino a algunos lectores llevándose las manos a la cabeza y gritando angustiadísimos: «¡¡Menudo desastre, una oxidación en vez de una carboxilación!!». Intentaré ser más claro explicando tan solo las consecuencias de ello: si tal cosa sucede, la planta disminuirá la cantidad de CO_2 atmosférico que fija, por lo que la fotosíntesis se ralentizará y el vegetal se verá abocado a desarrollar un proceso llamado «fotorrespiración», mediante el cual no solo no conseguirá nada de energía, sino que también perderá parte de la que ya poseía.

En su origen, la relevancia biológica de la mutación que provoca la afinidad de la RuBisCO por el O_2 era despreciable, pues la concentración de este gas en la atmósfera primitiva era totalmente escasa.[11] Sin embargo, en la actualidad —con el O_2 conformando más del 20 % de la composición gaseosa de la atmósfera de nuestro planeta—, la acción oxidasa de la RuBisCO se puede convertir en un importante inconveniente que lastre la supervivencia de un vegetal. Para colmo, la querencia de la enzima por el O_2 no solo aumenta cuando lo hace, por su parte, la concentración de este gas en el medio, sino que además la afinidad que posee por el CO_2 disminuye radicalmente cuando la temperatura ambiental se ve incrementada.

Así, en climas fríos y templados, la mutación de la RuBisCO no es especialmente problemática para la planta, pero se transforma en un grave inconveniente en los climas cálidos. En estos entornos, la elevada temperatura ocasiona un importante decrecimiento de la afinidad que muestra la enzima por el CO_2. Además, el calor provoca que la planta se vea ante la necesidad de minimizar la apertura de sus estomas con el objetivo de evitar la pérdida de agua por evapotranspiración, pero al hacerlo también limita la cantidad de CO_2 que el vegetal puede atrapar de la atmósfera. Tal es la presión selectiva que sufren las plantas en los ecosistemas áridos y calurosos por culpa de la indeseada fotorrespiración que lleva a cabo la RuBisCO, que la evolución ha inducido en algunas plantas la aparición de un mecanismo que soluciona el problema: la fotosíntesis C_4.[12]

La limitación que presenta la RuBisCO en entornos cálidos consiste en que tiende a utilizar el O_2 para implementar la fotorrespiración y se «olvida» del CO_2 que necesita para realizar la fotosíntesis, lo que obviamente constituye un grave inconveniente para la planta. La solución a este contratiempo sería tan sencillo como evitar que la RuBisCO pudiera acceder al O_2 del aire (por ejemplo, al encontrarse totalmente rodeada de CO_2). Así, como la enzima no tendría ninguna opción de elegir entre ambos gases, simplemente se dedicaría a fijar el CO_2, lo que activaría el proceso fotosintético y, por tanto, beneficiaría a la planta. Las plantas C_4 han desarrollado una serie de modificaciones en sus hojas, así como una reutilización de sus enzimas metabólicas que les permiten hacer precisamente lo que acabamos de describir: aislar la RuBisCO del O_2 atmosférico y rodearla de CO_2.[13, 14]

La fotosíntesis C_4 surgió por primera vez hace entre 24 y 35 millones de años en algunas especies de gramíneas, aunque sabemos que ha aparecido de forma independiente al menos 45 veces en diecinueve familias diferentes de las angiospermas. El maíz (*Zea mays*), el sorgo (*Sorghum bicolor*) o la caña de azúcar (*Saccharum officinarum*) son plantas C_4, como también lo son el 3 % de las especies de plantas terrestres que conocemos. No es extraño que esta adaptación haya aparecido de modo independiente con tanta frecuencia, pues a la enorme ventaja que otorga a las plantas que se desarrollan en climas cálidos se une el hecho de que todas las enzimas que intervienen en la fotosíntesis C_4 ya estaban presentes en las plantas C_3, solo que participando en rutas metabólicas diferentes.[15]

Sin embargo, esta estrategia evolutiva —que minimiza la fotorrespiración aumentando el rendimiento de la fotosíntesis— puede encontrarse con una limitación en el caso de aquellas plantas que crecen en climas extremadamente calurosos. En un entorno de temperaturas elevadas, abrir los estomas de las hojas en pleno día para coger el CO_2 resulta una temeridad, ya que conduciría a la planta a perder demasiada agua. Por este motivo, en este tipo de entornos las plantas solo pueden abrir sus estomas durante la noche, cuando la temperatura ha descendido y la evapotranspiración se ve reducida.

Sabemos que los pigmentos fotosintéticos cogen la luz del sol durante el día y lo almacenan como energía química en forma de ATP y NADPH, pero —¡he ahí el problema!— las reservas celulares de estas sustancias solo persisten durante unos pocos minutos. De modo que ¿cómo puede la planta implementar el ciclo de Calvin si esta solo atrapa el CO_2 por la noche, cuando ya no dispone de la energía química que le aporta la fase luminosa? Imagino que ya se os habrá ocurrido la respuesta: guardando el CO_2 que se ha capturado por la noche hasta que amanezca, momento en el que se utilizarán el ATP y el NADPH que se han obtenido en la fase luminosa para sintetizar la glucosa mediante el ciclo de Calvin.

Pues así es: las plantas que viven en ambientes extremadamente calurosos, como las crasuláceas o la piña (*Ananas comosus*), abren sus estomas por la noche y unen el CO_2 atmosférico a una molécula especial que poseen estos vegetales.[16] Durante la noche, el CO_2 queda almacenado en esa molécula hasta que llegan las horas de luz, cuando la fase luminosa ha aportado suficiente cantidad de energía química en forma de ATP y NADPH. En ese momento, la molécula a la que se fijó el CO_2 se descarboxila —vamos, que suelta la molécula de CO_2—, y la famosa RuBisCO recoge esa molécula para fijarla de nuevo e iniciar el ciclo de Calvin. Este proceso se descubrió en las crasuláceas, motivo por el cual se denomina «metabolismo ácido de crasuláceas» (o «fotosíntesis CAM», por sus siglas en inglés).

En la imagen izquierda podemos ver un sorgo (*Sorghum bicolor*), planta que implementa la fotosíntesis C_4. En la imagen derecha se muestran unos ejemplares de siemprevivas (*Sempervivum* spp.), plantas pertenecientes a la familia de las crasuláceas que se caracterizan por presentar hojas suculentas, que acumulan gran cantidad de agua por desarrollarse en climas muy calurosos, y por llevar a cabo la fotosíntesis CAM.

Después de todo, es probable que la opción de conseguir tu propia energía no resulte tan sencilla como podría parecer de entrada. Es más, visto que las plantas no se limitan a tumbarse tranquilamente al sol para obtener su alimento, sino que deben implementar diferentes y complejas estrategias, puede que la cómoda opción de calentar un vaso de leche y mojar en él las galletas que hemos comprado en el supermercado no resulte una tarea tan compleja y costosa como —a tenor de su actitud— a veces les parece a mis alumnos.

13

Vegetales con mucha jeta

¡Psst! Os voy a revelar una cosa, pero no se lo digáis a nadie: los colegios, los institutos y las universidades constituyen el hábitat ideal para el desarrollo de una especie muy peculiar, que no es otra que la del... jeta. Aunque antes de tirar la primera piedra (que, desde luego, la voy a arrojar) tengo que reconocer que durante mis años de estudiante universitario estuve entre los más grandes y reconocidos gorrones de mi promoción. Era tan famoso entre mis compañeros por mendigar unos apuntes como entre los profesores por no asistir a sus clases. También es cierto que me dejaba la mitad del dinero que me enviaban mis progenitores en fotocopias, y la otra mitad, en cubatas de agradecimiento; que tan generoso era que hasta llegaron al extremo de ofrecerme los apuntes de asignaturas que ni siquiera estudiaba (¡¿Derecho Romano?!). Pero, más allá del típico alumno jetilla —¡ay!, qué indulgente soy conmigo mismo...—, en los pasillos de cualquier instituto podremos topar con parásitos de los buenos. De esos que, a costa de los demás, no hacen una guardia en su puñetera vida; que por norma o por... ¿veteranía? escogen los cursos más sencillos y no recuerdan qué es eso de impartir clase a los diablillos de primero de la ESO; cuyas reiteradas bajas, que cubren los compañeros, salpican el calendario entre fiesta y fiesta; y que, para colmo, no pagan un café —¡el suyo!— ni en el día de su cumpleaños. Por suerte, este tipo de parásitos conforman una inmensa minoría entre los docentes de este país; y, dejando a un lado las bromas, tengo que admitir que en los múltiples centros por los que he pasado siempre encontré enormes profesionales, competentes, responsables y profundamente preocupados por la formación de sus alumnos; personas que, pese a las trabas que con frecuencia les ponen los políticos y las injustas críticas de una parte de la sociedad, trabajan muy duro para sostener la educación en este país.

Me imagino que la revelación anterior no habrá sorprendido absolutamente a nadie, y es que los caraduras que se aprovechan del esfuerzo del prójimo proliferan en cualquier ámbito. Tanto es así que incluso en el hermoso y aparentemente apacible reino vegetal existen plantas dispuestas a prosperar a costa del sacrificio de otros organismos, hasta el punto de que algunas de ellas ni siquiera dudan una brizna en pisotear a sus congéneres si con ello pueden triunfar en la lucha por la existencia. Supongo que todos hemos conocido a alguien así —a ese tipo de lameculos que es capaz de vender a su madre por una sonrisa del jefe—; pues resulta que en el mundo de las plantas hay un grupo de vegetales que se han hecho fuertes a base de seguir la estrategia del trepa, que no son otros que… las higueras.

Aunque pueda parecer inesperado, existen multitud de especies integrantes del género *Ficus* —el mismo al que pertenece la higuera cultivada (*Ficus carica*), de cuyos dulces higos me atiborro cada verano que bajo al pueblo de mis abuelos— que tienen la mala costumbre de subirse a la chepa de otro árbol con el objetivo de medrar. Este tipo de plantas comienzan su vida como epifitas, ya que crecer sobre el tronco de otro vegetal les evita algunos de los inconvenientes que conlleva el hecho de nacer y desarrollarse sobre el suelo en medio de la selva. Así, encaramados a un árbol, vegetales como el *Ficus pertusa*, el *Ficus aurea* o el *Ficus leprieurii* solucionan el problema de la falta de luz, minimizan la competencia por los nutrientes del suelo, aumentan la probabilidad de superar con éxito inundaciones e incendios, o evitan la depredación por los herbívoros. ¿Y cómo agradecen al árbol hospedador los servicios prestados durante su desarrollo? Pues exactamente del mismo modo en que Bruto le reconoció a Julio César su protección; solo que, en vez de una puñalada por la espalda, las primas de nuestra higuera asesinan al árbol que les ha servido de soporte a base de cariñosos y mortales abrazos con sus raíces.

Las semillas de las higueras estranguladoras (estas últimas, también conocidas por algunos lares como «matapalos») son depositadas accidentalmente sobre las hojas, los nudos de las ramas y otras estructuras del árbol que va a servirle de sostén a la planta por pájaros, murciélagos y monos que han ingerido los dulces higos. Durante las primeras etapas de su desarrollo, estas plantas se comportan como unas epifitas clásicas que apenas generan molestias a su hospedador, pero poco a poco van desarrollando unas raíces que, rodeando el tronco del árbol, descienden en busca del suelo. Una vez que las diferentes prolongaciones de la raíz alcanzan la superficie del suelo, su crecimiento se acelera, hasta que acaba formando una tupida red que penetra en la tierra modelando una especie de jaula vegetal alrededor del árbol. Finalmente, la matapalos irá cerrando los huecos que existían entre las ramificaciones de sus raíces, atrapando entre ellas el tronco de su hospedador.[1] Sepultado en el interior de la carcasa de madera que ha creado la planta estranguladora, el hospedador verá impedido su crecimiento y muy limitado el acceso a la luz, al agua y a los nutrientes del suelo. De este modo tan agónico, la planta parásita ya desarrollada terminará con la vida del vegetal que le sirvió de soporte durante su infancia; función que a partir de ese instante desempeñarán sus gigantescas y duras raíces, en cuyo interior se oculta un oscuro secreto: el cadáver momificado de quien fue su mentor.

En la imagen izquierda se muestran las raíces de una planta del género *Ficus* (concretamente de un *Ficus benghalensis*) atrapando el tronco de un árbol sobre el que empezó creciendo como una epifita. En la imagen derecha, vemos una pequeña planta de una higuera estranguladora (*Ficus religiosa*) que empieza a desarrollarse sobre el tronco de un árbol.

Desde luego, las plantas del género *Ficus* constituyen un grupo de vegetales la mar de curiosos e interesantes, pero no solo debido a la mala costumbre que tienen algunas de ellas de practicar la misma afición que hizo famoso al Estrangulador de Boston, sino también por la tan especial forma de polinización que todas ellas presentan. Y, al hablar de polinización, imagino que a muchos de los lectores les habrá venido a la cabeza la imagen de una flor, e inmediatamente habrán tratado de recordar la flor que caracteriza a las higueras. Pues es mejor que no os calentéis demasiado la cabeza, porque lo normal es que nunca la hayáis visto. Podríamos decir que la flor de la higuera es el propio higo; aunque, siendo más precisos, conviene aclarar que los higos son realmente una inflorescencia que los botánicos llaman «sicono», en cuyo interior se localizan las pequeñísimas flores masculinas y femeninas de la planta. Ahora, esta revelación nos conduce a otro interrogante de similar trascendencia: si las flores se encuentran encerradas y escondidas en el interior del sicono, ¿cómo pueden acceder hasta ellas los polinizadores?

Pues, como podemos imaginar, a los insectos polinizadores no les va a quedar otro remedio que el de introducirse en el sicono para extraer el polen y fecundar los óvulos de la flor. Y esta compleja tarea la van a desarrollar unas pequeñas avispas (concretamente del género *Blastophaga*) que también necesitan a los higos para poder reproducirse.[2] La relación mutualista entre higueras e himenópteros comienza cuando una avispa grávida se introduce en un higo todavía inmaduro a través de un pequeño agujerito (llamado «ostiolo») situado en uno de sus extremos. Una vez en el interior del sicono, la avispa hembra pone sus huevos y, al hacerlo, también deposita el polen —que ya portaba desde el higo que la vio nacer— sobre el estigma de las minúsculas flores. Curiosamente, si un higo fue su guardería y primer hogar, otro higo distinto —en el que ahora deposita sus huevos— va a ser su tumba; pues, agotado y ya sin alas, el pequeño insecto va a quedar irreversiblemente atrapado en su interior.

Una vez la avispa ha polinizado las flores del sicono, este último comenzará a madurar hasta convertirse en un dulce y atrayente higo que, con suerte, será devorado por algún animal que involuntariamente se encargará de esparcir sus semillas. Mas, durante su maduración, en el interior del higo también están sucediendo relevantes acontecimientos, protagonizados por los descendientes del fallecido insecto polinizador. Así, entre tres y veinte semanas después de la puesta, las larvas de la avispa —que han estado desarrollándose y alimentándose dentro de unas estructuras denominadas «agallas»— alcanzan el estadio de avispa adulta.[3] Llegado este momento, los machos fecundan a sus hermanas y, tras abrir con sus mandíbulas un pequeño agujero en la pared externa del sicono, mueren sin jamás conocer el mundo exterior. Las avispas hembras, fecundadas y con el polen adherido a su cuerpo, abandonan el encierro a través del orificio que abrieron sus compañeros, y empiezan la búsqueda de señales químicas que las arrastren hacia las flores de otro higo a las que poder fecundar y sobre las que depositarán sus huevos; dando comienzo, así, a un nuevo ciclo.[4]

¡Je, je, je! Sé que hay un aspecto que no te puedes sacar de la cabeza tras la lectura de estas líneas: ¡¡el cuerpo de la avispa muerta se ha quedado dentro del higo maduro!! Pero no debes preocuparte: no te vas a comer el insecto porque el cuerpo de la avispa es degradado por las enzimas del sicono; de modo que puedes disfrutar del higo sin la menor reticencia. Mas —por si esta explicación no te convenciera del todo— hay un aspecto que te va a tranquilizar definitivamente: la inmensa mayoría de los higos que llegan hasta nuestras fruterías son partenocárpicos, lo que significa que en su formación no interviene insecto ni organismo polinizador alguno.[5]

Vampiros de savia

Las higueras estranguladoras conforman un grupo de plantas que —utilizando los conceptos que se manejan dentro del mundo de los humanos— podríamos considerar aprovechadas y oportunistas, pero no entran de lleno en la categoría de lo que en biología se denomina «parásitos vegetales». Los gorrones vegetales son aquellos que obtienen sus recursos (agua, minerales e incluso el alimento) quitándoselos a otro organismo, normalmente a otro vegetal. Y si existe una planta parásita que resulta familiar para todos nosotros, esa no es otra que la que pacientemente recogía el druida Panoramix en los bosques de la Galia para elaborar su famosa poción mágica: el muérdago.

En realidad, el muérdago incluye a una enorme variedad de plantas distribuidas por todo el planeta, pertenecientes a cinco familias de vegetales diferentes pero que, a pesar de ello, poseen características comunes entre ellas. En primer lugar, se trata de organismos hemiparásitos, es decir: poseen cloroplastos y clorofila y, por tanto, realizan la fotosíntesis;

pero el agua y los minerales que necesitan para llevar a cabo este proceso (que otras plantas extraen del suelo a través de sus raíces) los obtienen de otro vegetal al que parasitan. Para robar los recursos de otro vegetal, el muérdago desarrolla unas estructuras en forma de pequeños tubitos llamados «haustorios», los cuales introducirá en los vasos leñosos de su hospedador. A través de los haustorios, el parásito acapara parte del agua y las sales que su presa ha recogido, y los utiliza para llevar a cabo la fotosíntesis.

Otro aspecto común a la mayoría de los muérdagos —con algunas singularísimas excepciones, como la del muérdago enano (*Arceuthobium americanum*), que utiliza la dehiscencia explosiva— es que necesitan utilizar un vector que propague la semilla por las ramas de los árboles.[6] Así, para cazar un lindo pajarillo que transporte sus semillas hacia un nuevo hospedador, el muérdago dispone de un rico y vistoso fruto en forma de baya que las aves no dudarán en ingerir. Cuando el fruto atraviesa el tubo digestivo del animal, una sustancia llamada «viscina» ve incrementada su viscosidad, lo que provoca que cuando parte del fruto sea regurgitado o defecado quede adherido al pico o a la cloaca del pájaro, y este no tenga otro remedio que frotarse contra la rama del árbol para deshacerse de tan pegajosa sustancia.[7] Esta pringosa estrategia permite al muérdago aumentar las probabilidades de que sus semillas sean depositadas sobre las ramas de un árbol y no caigan al suelo, donde nunca podrían germinar. Debido a este mecanismo de propagación que utiliza el muérdago, antiguamente se creía que la planta se originaba directamente de las heces de los pájaros, y por tal motivo se le dio el nombre de «muérdago», que significa «estiércol en rama».[8]

Cabe añadir que, aunque sí la inmensa mayoría, no todas las especies de muérdago son capaces de fabricar su propio alimento: el *Tristerix aphyllus* lo tiene muy difícil, por ejemplo, pues la fotosíntesis está tremendamente limitada en este vegetal.[9] Este tipo especial de muérdago vive escondido en los cactus *Echinopsis chiloensis*, a los que parasita en regiones áridas de Chile extrayendo todo el alimento que necesita de la savia elaborada de su desgraciado hospedador. El *T. aphyllus* se encuentra embebido en los tejidos de los *E. chiloensis*, simulando más bien una infección fúngica que un proceso de parasitismo vegetal, y lo único que denota su presencia es la aparición de unas hermosas inflorescencias rojas, de las que surgirá el típico fruto de aspecto vesicular que caracteriza el muérdago. Curiosamente, esta planta parásita parece constituir el nexo entre los vegetales hemiparásitos, que pueden realizar la fotosíntesis (como el muérdago), y los holoparásitos, que al carecer de cloroplastos y clorofila son incapaces de sintetizar su propio alimento, y cuya existencia se vincula a los nutrientes que les puedan quitar a otros vegetales.

Probablemente, las plantas holoparásitas más extendidas en el planeta sean las pertenecientes al género *Cuscuta*. Se conocen más de 150 especies de cuscutas, y todas ellas son vegetales incapaces de realizar la fotosíntesis —o que, en caso de implementarla, lo hacen de un modo residual e

En la imagen izquierda podemos observar los frutos del muérdago europeo (*Viscum album*). En la imagen derecha, inflorescencias rojas del muérdago *Tristerix aphyllus* creciendo sobre un cactus de la especie *Echinopsis chiloensis*.

ineficaz—, carentes de raíz y hojas en su estado adulto, así como completamente dependientes de otra planta a la que parasitan. El éxito de la cuscuta se sustenta en dos aspectos: la enorme viabilidad que presentan sus semillas y su falta de escrúpulos a la hora de elegir una presa.

Una semilla de cuscuta puede permanecer en un estado latente durante más de veinte años si las condiciones para germinar no son las adecuadas. De ese modo, arrastrada por el agua y el viento o transportada en los aperos de labranza o en la suela de los zapatos del agricultor, puede alcanzar rincones muy alejados del lugar donde fue liberada y colonizar nuevos entornos. Por el contrario, sin embargo, si la cubierta que protege a la simiente (y que es la responsable de su gran persistencia en el medio) sufre alguna alteración, la semilla se verá irreversiblemente abocada a germinar en ese mismo instante. Inicialmente, el pequeño vegetal desarrolla una raíz que lo fija al suelo y un tallo que crece poco a poco, mientras gira lentamente en sentido antihorario en busca de una presa. Cuando localiza al vegetal que le servirá de sustento, dirige su tallo en crecimiento hacia él y comienza a enrollarse a su alrededor mientras le introduce sus haustorios en el tejido vascular. Una vez la cuscuta se ha fijado al hospedador, su raíz comienza a degenerar y la planta corta todo vínculo con el suelo, obteniendo su alimento del desgraciado vegetal. Mas la cuscuta es un organismo ambicioso que no se limita a expoliar los recursos de una sola planta, sino que continúa creciendo, atrapando y parasitando más y más vegetales; de modo que una sola planta de cuscuta puede llegar a cubrir con su enmarañado tallo una superficie de más de… ¡100 metros cuadrados![10]

La urgencia que tiene la joven cuscuta por encontrar una planta a la que parasitar se debe a que las reservas alimenticias de su semilla solo le van a permitir vivir algo más de una semana, y ella no está capacitada para sintetizar su propio alimento. Si, una vez agotadas las reservas, no localiza y se agarra a un hospedador que la sustente, la cuscuta morirá;

por tal motivo la planta no es demasiado remilgada a la hora de escoger a su víctima: parasita casi a cualquier vegetal que esté a su alcance. No obstante, el hecho de que ante una necesidad se agarre a un clavo ardiendo no quiere decir que, en caso de poder escoger una planta, el pequeño parásito vaya a decantarse por cualquiera. De hecho, los científicos han descubierto que la cuscuta es capaz de elegir el mejor partido entre varias opciones, por el simple motivo de que... ¡puede ver a sus posibles presas![11]

A diferencia de cuscuta, la inmensa mayoría de las plantas parásitas no puede localizar a sus víctimas de tan singular manera, y menos aún cuando se trata de un parásito que tiene que encontrar a su hospedador sumergido en la profunda oscuridad del suelo. Este es el caso de los gorrones vegetales, que —como los géneros *Striga* y *Orobanche*— se unen a las raíces de otras plantas para obtener su sustento. Estas plantas también poseen un amplio espectro de víctimas a las que parasitar, pero las reconocen, invariablemente, a través

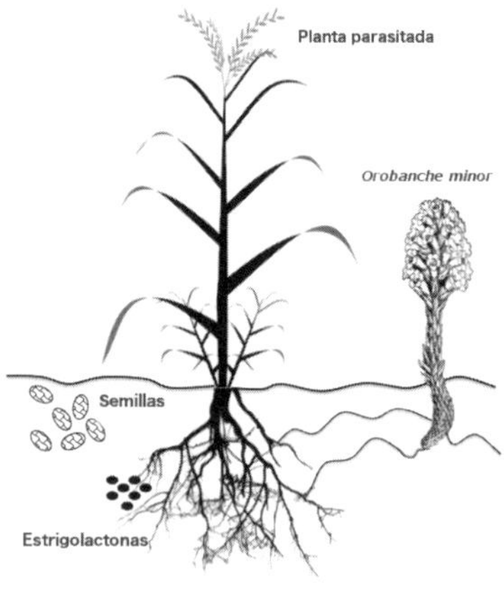

Ciclo de parasitismo de *Orobanche minor* en las raíces de un hospedador. La raíz de la planta hospedadora libera diferentes sustancias químicas (entre ellas, las estrigolactonas) con el objetivo de estimular la simbiosis con hongos micorrícicos. Sin embargo, esa misma sustancia induce la germinación de las semillas de *O. minor* y permite al parásito localizar la raíz del que será su hospedador.

de sustancias químicas liberadas en el suelo. De hecho, si la germinación de las semillas de cuscuta es independiente de la presencia en su entorno de una planta que pueda parasitar, las semillas de las plantas de *Striga* y *Orobanche*, en cambio, solo germinarán ante una señal química producida por la raíz del que será su hospedador.[12]

Sin escatimar recursos… ¡que invitas tú!

Las plantas del género *Cuscuta* y *Orobanche* conforman unos parásitos de lo más caraduras, pues no se molestan siquiera en llevar a cabo la fotosíntesis, y es que obtienen todos los recursos que necesitan para sobrevivir de la planta a la que parasitan. Sin embargo, estos jetas vegetales se quedan cortos, muy cortos, cuando los comparamos con los sinvergüenzas por excelencia: los especímenes de *Rafflesia arnoldii*. Se trata de unos parásitos vegetales que no solo viven a costa de su hospedador, sino que, además, no escatiman en gastos para producir las flores más grandes que conocemos.

La *R. arnoldii* se desarrolla en la selva de Borneo, sustentándose a base de los nutrientes que fabrica su único hospedador: las plantas trepadoras del género *Tetrastigma*. Inicialmente, la *R. arnoldii* se comporta como un parásito de lo más comedido —de hecho, al no poseer ni tallo ni raíces, pasa completamente desapercibida durante meses—, pero cuando llega el momento de reproducirse, este vegetal tira la casa por la ventana. De las raíces parasitadas del hospedador surge una flor gigantesca, que puede llegar a alcanzar hasta un metro de diámetro y pesar más de diez kilogramos. Podría parecer que fabricar una flor de tal tamaño resultaría energéticamente desventajoso para la planta (y así es en la mayoría de las ocasiones), pero, teniendo en cuenta que en este caso la factura la va a pagar otro vegetal, el posible hándicap desaparece. Es más, el tamaño de la flor resulta crucial para la supervivencia de la *R. arnoldii*, pues su gigantesca estructura reproductora va a persistir en el medio durante menos de una semana. Además, teniendo en cuenta que para evitar la autofecundación (que las arrastraría a la extinción) estas plantas presentan los órganos reproductores separados en diferentes flores, se hace necesario ayudar al polinizador: primero, para que localice la flor masculina; posteriormente, para que transporte el polen hacia la femenina. Y, claramente, es difícil pasar de largo ante una flor de tal tamaño. Mas esta planta —que ya sabemos que vive a gastos pagados— aún dispone de otra estrategia más para guiar a sus polinizadores: se trata de unos efluvios con un intenso olor a carne en descomposición que libera el vegetal y que atrae a las moscas polinizadoras.

Algo que me resulta muy extraño es la «paciencia» con la que la naturaleza parece haber dotado las plantas del género *Tetrastigma*, porque personalmente no me importa que mi cuñado me gorronee la cerveza cada vez que viene a ver el fútbol, pero otro gallo cantaría si además se le ocurriese invitar a mi casa a toda su panda de amigotes. Pues pasarse de rosca es precisamente lo que está haciendo la *R. arnoldii* con el hospedador al que parasita. Y esto me hace preguntarme: ¿por qué la planta no se deshace de ese pelmazo antes de que sea tarde? Recientes investigaciones han descubierto que la *R. arnoldii* ha conseguido hacerse propios ciertos genes que pertenecían a su hospedador, y encima los utiliza en su contra: con ellos minimiza la capacidad de respuesta defensiva de sus víctimas.[13] No es que el parásito haya cogido como rehenes a los genes de la *Tetrastigma*, sino que utiliza las proteínas que estos codifican para alterar las funciones de la planta hospedadora, lo que evita que esta rechace a su parásito. Esta idea no es nada nueva en biología, pues sabemos que la bacteria *Legionella pneumophila*, responsable de la legionelosis, ha capturado por transferencia horizontal genes de células eucariotas que utiliza a su favor para disminuir la respuesta defensiva de su hospedador.

Bueno, pues las pobres plantas del género *Tetrastigma* tienen un estigma con las plantitas parásitas, y es que en las mismas selvas en las que habita la *R. arnoldii* se desarrolla otra planta con un comportamiento muy similar: la *Rhizanthes lowii.* Este vegetal también carece de raíz, tallo y hojas; es más, tan solo posee unos pequeños filamentos con los que penetra en las raíces de las plantas trepadoras del género *Tetrastigma.* Transcurridos entre seis y siete meses desde el inicio del proceso de parasitismo, la presencia de la *R. lowii* se manifiesta —por fin— en forma de flor, como también sucedía con la *R. arnoldii,* pero con la diferencia de que la flor de esta planta posee un tamaño casi cuatro veces menor. El inconveniente que podría aparecer asociado a la disminución en el tamaño de la flor —que, sin duda, limitaría las posibilidades de ser localizada por los polinizadores— se ve compensado por su habilidad para la imitación y por la capacidad que posee para regular su temperatura.

La flor de *R. lowii* presenta una conformación muy especial, con zonas que mimetizan el pelo de un animal en descomposición repleto de heridas y orificios; y a tan desagradable disfraz se une una no menos asquerosa pestilencia a carne putrefacta que atrae a las moscas que la van a polinizar. Pero es que, además, como ya hemos dicho, esta flor posee la capacidad de regular su temperatura, manteniéndola entre 7 y 9 °C por encima de la temperatura ambiental.[14] Así, el carácter endotérmico de la *R. lowii* le es extremadamente útil a la hora de atraer a las moscas descomponedoras que la planta utiliza en su polinización.[15] En primer lugar, porque el incremento de la temperatura intensifica la volatilización de las desagradables esencias que desprende la flor —vamos, que huele más y más lejos—; en segundo lugar, porque el calor incrementa la liberación de… ¿CO_2?

Podríamos preguntarnos qué influencia puede tener el CO_2 en la localización de una flor, pero si sabemos que multitud de parásitos se guían, en su búsqueda de un hospedador, por los niveles de este gas que son excretados por su presa, probablemente comprendamos la estrategia que está empleando la flor. De hecho, uno de los principales polinizadores de la *R. lowii* son las desagradables moscas de la especie *Lucilia cuprina*, que ponen sus huevos en la carroña, pero que también infectan los cuartos traseros de las ovejas. Y ¿a que adivinamos qué rastro siguen para localizarlas? Claro que sí: el del CO_2. De ese modo, el CO_2 liberado por la flor de *R. lowii* contribuye a su localización por el polinizador, pero sobre todo estimula la ovoposición de la mosca al mantener al insecto (que buscará el mejor lugar para depositar sus huevos) en su interior durante más tiempo. Como es lógico, cuanto mayor tiempo pase la mosca en la flor, mayores probabilidades tendrá esta de ser polinizada.

Raro, raro… raro

Las zonas tropicales del continente asiático constituyen un verdadero vergel para los vegetales parásitos: allí se desarrollan, a lo grande, las plantas del género *Rafflesia* y *Rhizanthes*, pero también en ese lugar crecen las pequeñas y extrañas plantas del género *Epirixanthes*. Este género vegetal posee tan solo seis especies, y todas ellas son consideradas micoheterotróficas

En la imagen izquierda aparece una flor gigante de *Rafflesia arnoldii* que se desarrolla en los bosques húmedos de Borneo y Sumatra. En la imagen derecha, la apestosa flor de *Rhizanthes lowii* que posee la capacidad de regular su temperatura.

(¿a qué no lo decís todo de un tirón?). Esto significa que estas plantas, al igual que la *Cuscuta* o la *Rafflesia*, no van a realizar la fotosíntesis; aunque las *Epirixanthes*, a diferencia de todos los parásitos anteriores, no van a obtener su alimento directamente de una planta, sino que se lo van a quitar a un hongo.

Las últimas investigaciones sobre plantas micoheterotróficas parecen mostrar que la supervivencia del hongo —por suerte para ellos— no se ve afectada en modo alguno por los nutrientes que le quita la planta parásita.[16] Es más: actualmente se está especulando con la más que probable posibilidad de que el hongo se los regale. Reconozco que esta historia me encanta, porque imaginar a un Robin Hood fúngico que les roba a los grandes árboles para alimentar a pequeñas plantitas me recuerda aquella época de mi juventud en la que todavía era un tonto idealista. Mas precisamente parece ser esto lo que está sucediendo: las micorrizas a las que se une la planta parásita también han establecido vínculos con las raíces de grandes árboles, de modo que parte de los nutrientes que ha elaborado un «acaudalado» vegetal pasan, a través de los hongos micorrícicos, hacia las raíces de su pariente más necesitado.

Podríamos considerar el comportamiento parasitario de las plantas del género *Epirixanthes* como algo extraño si no fuera porque se conocen más de 400 especies que, como ellas, viven de este modo. El origen de tan peculiar forma de vida se encuentra en la plantas mixotrofas, que —recordemos— son aquellas que, aun pudiendo implementar la fotosíntesis, también obtenían parte de su energía de los nutrientes que les suministraban los hongos. Sin duda, la micoheterotrofia es un paso más que dieron algunas plantas mixotrofas al abandonar la posibilidad de realizar la fotosíntesis y fiar su supervivencia al suministro de recursos que, procedentes de otras plantas, les regalan los hongos micorrícicos.[17]

Pero si queremos hablar de plantas parásitas raras de verdad, no hay ninguna que supere en excentricidad a la *Parasitaxus usta*, y eso que el origen de su singularidad no emana de su comportamiento, sino de su propia naturaleza: la *P. usta* es una gimnosperma. Todas las plantas parásitas que se conocen —¡más de 3.000 especies!— son angiospermas; la única que, por ahora, sabemos que no pertenece a este preponderante grupo de plantas es la *P. usta.*

La *P. usta* es un endemismo de las montañas de Nueva Caledonia que parasita las raíces de un único tipo de vegetal, una conífera de la especie *Falcatifolium taxoides*; y, aunque posee cloroplastos y pequeñas cantidades de clorofila, no es capaz de llevar a cabo la fotosíntesis a niveles eficientes, por lo que todos sus recursos los obtiene de su hospedador.[18, 19]

Y, hasta aquí, hemos conocido a varios de los caraduras vegetales que existen: plantas trepas que pisan a sus congéneres, plantas vampiras que chupan hasta la última gota de savia, plantas derrochadoras que consumen los recursos de sus hospedadoras y les sorben la vida a través de las raíces... No cabe ninguna duda: ni siquiera en este aspecto los humanos somos especiales, y es que también en el reino de las plantas hay vegetales... con mucha jeta.

14

La utilidad del boniato

Admito que durante los últimos quince años he llegado a intentar de todo para conseguir motivar a mis alumnos. Y es que, a pesar de que no siempre tenemos éxito, los profesores nos empleamos a fondo probando todo tipo de estrategias con el objetivo de transmitir a los estudiantes nuestro entusiasmo por una materia. Yo suelo ser consciente de que un tema no está calando entre mis alumnos —vamos, que no les interesa ni un pimiento— cuando comienzan las miradas al reloj (cada vez menos furtivas) y los suspiros lastimeros de desesperación; pero, sobre todo, cuando empieza a cundir entre ellos la postura del utilitarismo. Y no es que mis alumnos muestren una repentina tendencia a agarrarse a los postulados de la doctrina ética desarrollada por Bentham y Mill, sino que más bien se limitan a plantearle al profesor la tan manida cuestión «¡¿Y para qué me sirve esto?!».

Reconozco que durante toda mi vida han sido muchas las veces que este mismo interrogante ha rondado por mi cabeza; de hecho, creo que esta —junto con la de «¡Por dios, que termine ya!»— era la única idea que se mantenía despierta durante los eternos cursillos prematrimoniales (y eso que conseguí escaparme más de la mitad de los días). Sin embargo, jamás llegaré a entender por qué a mis alumnos les parece inútil conocer las valencias de los elementos químicos o los diferentes órdenes de insectos, o cómo es posible que justifiquen su queja alegando que se trata de nombres muy difíciles de recordar, pues después bien que son perfectamente capaces de recitar de memoria el nombre de doscientas especies de *Pokémon* con sus respectivas metamorfosis y la fecha de nacimiento —¡mes, día y año!— de la plantilla completa del Real Madrid.

No obstante, existe otra vertiente de ese utilitarismo con el que a veces me sorprenden mis alumnos que me provoca muchísima más rabia: la antropocentrista tendencia a buscar en cualquier cosa una utilidad para el hombre. Es como si todos los organismos que existen en este planeta estuvieran aquí con la finalidad de servirnos; y, lo que es peor: si no resultan de provecho, lo mejor es... eliminarlos. Todavía no he conseguido convencer a mis alumnos de que, aunque los opiliones y las típulas que viven tranquilamente en los pasillos del instituto no posean ninguna utilidad para nosotros, eso no justifica que cada vez que se encuentran con uno se peleen entre ellos por ver quién consigue pisarlo. Pero bueno, paciencia (que, justamente, es la madre de la ciencia). Si algo tengo claro es que no pienso rendirme en esta tarea. Por suerte, en el caso de las plantas creo que no tengo que buscar demasiadas justificaciones para persuadirlos del respeto que —como cualquier ser vivo— merecen, porque si existe un grupo de organismos que le sea de utilidad al hombre, ese no es otro que el del reino de los vegetales.

Y es que, como ya hemos visto, las plantas ponen a nuestra disposición parte de la energía que libera el Sol; actúan como sumideros de dióxido de carbono (CO_2), uno de los principales gases de efecto invernadero y cuyos niveles se han visto exponencialmente incrementados en las últimas décadas debido a las actividades humanas; y liberan el oxígeno que nos es imprescindible para extraer la energía de los alimentos. Además, las plantas conforman los necesarios refugios para todo tipo de animales, son fuente y garante de biodiversidad, regulan el ciclo hidrológico y protegen los suelos evitando la desertificación. Por si todo lo anterior no otorgase un elevado valor práctico a las plantas, los humanos extraemos del reino vegetal recursos madereros para la construcción, celulosa para la fabricación de papel, y fibras textiles (como el lino o el algodón) para elaborar tejidos; pero, sobre todo, de las plantas obtenemos múltiples y variados alimentos con los que sustentar a la cada vez mayor población humana

El domador de vegetales

Las plantas, a través de sus frutos y semillas, han sido desde siempre nuestros principales proveedores de alimentos, aunque fue solamente a partir de la domesticación de los vegetales silvestres y la aparición de la agricultura cuando la humanidad pudo producir suficientes cantidades de alimento como para sostener a toda una civilización. En realidad, el increíble desarrollo que han alcanzado las sociedades humanas se lo debemos a las plantas que hace 10.000 años empezamos a cultivar, y también a los animales que domesticamos. Sin la aparición de la agricultura y la ganadería no existirían músicos, escritores, filósofos, políticos ni científicos, lo que, visto el panorama de últimamente, para algunos seguro que no supondría una gran pérdida; solo que, para su disgusto, tampoco dispondrían del reguetón, las revistas del corazón ni el partido diario de fútbol con el que anestesiar las ansias de conocimiento que le son innatas a todo ser humano.

Sin la domesticación de plantas y animales seguiríamos siendo unos homínidos obligados a desplazarse sin descanso sobre sus dos piernas en busca de animales salvajes a los que dar caza y de bayas y frutos silvestres que recolectar; sin poder dedicar ni un solo instante a reflexionar acerca de por qué sucede tal cosa o cómo solucionar tal problema. ¿Acaso una vaca o una oveja disponen de tiempo entre bocado y bocado para dedicarse a pensar en otra cosa que no sea de qué modo llenarse la panza? Pues la agricultura llenó de tal forma la despensa de los humanos que muchos de ellos pudieron invertir su tiempo elucubrando sobre la condición humana y la mecánica que subyace bajo los fenómenos naturales, o buscando soluciones a diferentes problemas en pos de mejorar la calidad de vida de los de nuestra especie.

Aunque el hombre ha domesticado muchísimas especies de plantas diferentes, la mayoría de los alimentos que sustentan a las sociedades humanas proceden de tres tipos de cultivos: el arroz, el maíz y el trigo. Teniendo en cuenta que el trigo (*Triticum* spp.) constituye la principal planta de cultivo —no tanto por su producción, que actualmente es superada en cantidad por el arroz y el maíz, sino más bien por su distribución a nivel mundial, la cual no alcanzan ni de lejos el resto de cultivos—, voy a utilizar esta planta como paradigma del proceso de domesticación de una especie vegetal.[1]

Obviamente, cada planta domesticada tiene su propia y particular historia, pero a grandes rasgos todas ellas mantienen unas líneas similares que hacen que revelar la biografía de una de ellas nos otorgue pistas suficientes como para descifrar el origen de cualquiera de las otras. Es más, probablemente, de todas las historias de domesticación en las que alguna vez se haya visto involucrado el hombre, ninguna sea tan compleja como la del trigo. Y es que la crónica que nos trae desde la primitiva planta de trigo salvaje hasta el trigo domesticado que actualmente sembramos en los campos es tan enrevesada que, comparados con ella, los miles de conexiones que se establecen entre los infinitos personajes que desfilan por la serie de *Juego de Tronos* nos parecerán tan fáciles de interpretar como el mapa, el mapa, el mapa… de *Dora la exploradora.* De modo que, para hacer digerible la confusa historia de la domesticación del trigo, la simplificaremos utilizando solo tres Casas… —¡perdón!— …tres tipos de trigo: el trigo *einkorn* (*Triticum monococcum*), el trigo *emmer* (*Triticum turgidum*) y el trigo harinero (*Triticum aestivum*).

El *einkorn* constituye la variedad más antigua de trigo domesticado, ya que su origen se remonta a unos 10.000 años atrás. Se trata de un trigo diploide, es decir, que posee dos series de cromosomas homólogos (como nosotros), aunque en número de 14 y no de 46; y probablemente sea el trigo domesticado que mantiene una mayor similitud con el ancestral. En la actualidad, este tipo de trigo prácticamente no se siembra, pero en el pasado ocupó el Trono de Hierro durante mucho tiempo. Al menos, eso es lo que han revelado los estudios arqueológicos desarrollados en el norte de la actual Siria y el sureste de Turquía, donde se ha descubierto el lento proceso de domesticación que, desde hace 9.250 años y hasta hace 6.500 años, fue transformando el antepasado salvaje de *T. monococcum* en su variante domesticada. El trigo *einkorn* domesticado formó parte habitual de la dieta de los humanos durante muchísimo tiempo: no en vano se encontraron restos de semillas pertenecientes al *T. monococcum* en el aparato digestivo momificado del Hombre de Similaun que vivó en los Alpes italianos hace 5.300 años. Aunque lo cierto es que este humano bien pudo ser uno de los últimos en consumir el trigo *einkorn* por aquellos lares, pues durante la Edad de Bronce su cultivo se vio desplazado por otro tipo de trigo: el trigo *emmer* (*T. turgidum*).[2]

El *T. turgidum* es un trigo tetraploide con 28 cromosomas que surgió como consecuencia de la hibridación natural de dos especies vegetales diploides con 14 cromosomas cada una, con la que adquirió unas características especiales que le permitieron desalojar al trigo *einkorn* de los campos de cultivo. Este tipo de trigo es el antepasado de los denominados «trigos duros», de cuyas semillas obtenemos hoy en día la harina para elaborar los macarrones y los espaguetis. Además, los científicos han descubierto que el trigo *emmer* cometió el error —un error para la pureza de su estirpe, pero un acierto total para los humanos— de hibridar con una plebeya, la planta salvaje *Aegilops tauschii*, con la que engendró la dinastía del tercer trigo en discordia, el más cultivado en la actualidad y del que obtenemos la harina para hacer el pan: el *Triticum aestivum.*[3]

El *T. aestivum* es un trigo hexaploide (con la friolera de 42 cromosomas) que hoy día gobierna las tierras cultivables con mano de hierro. Y es que, definitivamente, la guerra entre las diferentes «casas» del trigo la ha terminado por ganar el descendiente bastardo del *T. turgidum*: el trigo harinero (*T. aestivum*), cuyo cultivo alcanza el 95 % del total, frente al de solo un 5 % del trigo duro (descendiente directo del *emmer*) y al cultivo casi residual del antiquísimo trigo *einkorn.*

Si habéis seguido atentamente la historia de la domesticación del trigo, seguramente os habréis dado cuenta de que la especie de trigo que ha resultado triunfadora ha sido la poseedora de un mayor número de cromosomas. En realidad, el número original de cromosomas del trigo es 14, que son los que posee el trigo *einkorn,* mientras que las otras dos variantes han surgido por procesos de poliploidía que han multiplicado esta cifra. Partiendo de este hecho, podríamos aventurarnos a asegurar que ha sido el fenómeno de poliploidía el responsable del éxito que ha tenido un trigo hexaploide de 42 cromosomas como el trigo harinero. Bueno, pues sí-pero-no.

En realidad, el aumento del número de cromosomas *per se* no siempre constituye una ventaja para la planta, pues los eventos de poliploidía normalmente dificultan la supervivencia del vegetal durante las primeras etapas de su desarrollo, y con frecuencia disminuyen la fertilidad de la planta: producen menos semillas y se ve mermada la viabilidad de su polen.[4, 5] De hecho, una interesante experiencia desarrollada en la década de 1880 por el científico inglés John Bennet Lawes, llevada a cabo en la granja experimental que este había establecido en su propia casa, evidenció las enormes dificultades que presenta el trigo poliploide para competir con la vegetación salvaje.[6] Lawes dejó sin cosechar un cultivo de trigo para comprobar cómo se comportaba sin la protección humana: el primer año, la cosecha fue adecuada, pero a partir de entonces las malezas empezaron paulatinamente a ganar terreno al trigo domesticado hasta que, cuatro años después de comenzar el experimento, prácticamente no quedaba ninguna de las plantas de trigo hexaploide que recolectar.[7]

Sin embargo, del mismo modo que el incremento en la dotación cromosómica de un vegetal lo puede hacer menos competitivo frente a las plantas salvajes, también lo convierte en objeto de deseo para los seres humanos. Con frecuencia, la poliploidía vegetal promueve el incremento del tamaño de los tejidos de la planta, lo que a su vez provoca que sus frutos y semillas también sean más grandes. En la actualidad, además del trigo, también son poliploides el maíz, los plátanos o las manzanas que consumimos, y ni que decir tiene que las desventajas que hayan podido lastrarlos frente a otras especies en la vida salvaje han sido completamente compensadas por la acción de los humanos en los campos de cultivo.

De modo que el trigo hexaploide desplazó al resto de especies de trigo (en especial, las diploides) gracias a la domesticación, es decir, la selección artificial que fue realizando poco a poco el ser humano. Mas en realidad nuestra especie no hizo esta selección en función de la dotación cromosómica del trigo, pues en el pasado ni tan siquiera podía imaginar qué era un gen, sino que lo hizo con base en las características fenotípicas que podía observar y que le resultaban más rentables en sus cultivos. Así, durante el proceso de domesticación, lo que se seleccionaba eran las características observables del vegetal que se mostraban provechosas para el agricultor, acción que a su vez provocaba otra selección involuntaria a un nivel más profundo: el ocupado por los genes que determinan esas características.

Las características que aparecen en los organismos como resultado de la selección artificial operada por el hombre —y que distinguen a la planta domesticada de las variedades salvajes— conforman el síndrome de domesticación.

Y en el caso del trigo domesticado, la principal singularidad que lo diferencia de las especies salvajes es la pérdida de la fragilidad que habitualmente caracteriza el eje principal de la espiga (raquis) en el trigo salvaje.[8] Cuando la espiga del trigo salvaje ha madurado, su raquis se fragmenta con facilidad para esparcir, así, las semillas de la planta; pero si esto mismo sucediera con el trigo cultivado, el grano sería dispersado por el viento y no podría ser cosechado por el hombre. De modo que los primeros agricultores seleccionaron mutantes del trigo salvaje que presentaran espigas que no se quebrasen al madurar y de las que, llegado el momento, pudieran recolectar sus granos. En la actualidad sabemos que la fragilidad del raquis de una espiga está controlada por varios genes, de modo que cuando estos aparecen mutados la espiga no se fragmenta; pero los primeros agricultores solo constataron empíricamente que unas variedades de trigo mantenían intactas las espigas durante la maduración, mientras que otras no lo hacían… y ya sabemos cuáles eligieron para sus cultivos.

Otro importante rasgo de ese síndrome de domesticación que presenta el trigo es la pérdida de glumas resistentes, y es por eso que en los trigos domesticados el grano se puede extraer con mucha mayor facilidad que en los silvestres.[9] El aumento del tamaño del grano, el menor período de latencia de la semilla, la disminución del número de ramificaciones y el crecimiento erecto de la planta conforman otros relevantes rasgos diferenciadores del trigo domesticado, que lo han convertido en el cultivo más importante y rentable del planeta.

La inmensa mayoría de los cereales, legumbres, frutas y verduras que consumimos diariamente derivan de un proceso de domesticación similar al que se ha llevado a cabo con el trigo, durante el que poco a poco se han ido seleccionando artificialmente aquellos rasgos que —para nosotros, pero no siempre para las plantas— resultaban más convenientes. Sin embargo, las características que poseen las plantas cultivadas

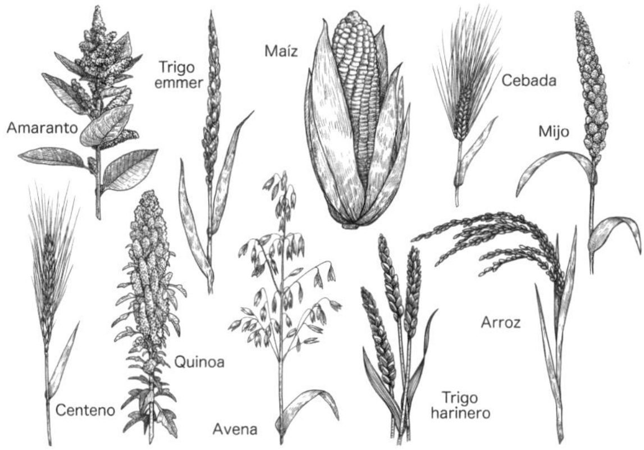

Aspecto que muestran diferentes cereales domesticados por el hombre. Muchas de las características que presentan estas plantas, tanto a nivel morfológico como fisiológico, son consecuencia del síndrome de domesticación.

debido a la domesticación (y que las hacen muy valiosas para nosotros) les impiden, en la mayoría de las situaciones, competir en las mismas condiciones que sus parientes salvajes. La mano humana es el único motivo por el que los cultivos son capaces de salir adelante: invertimos enormes cantidades de fertilizantes, plaguicidas, energía y tiempo para que nuestras plantas domesticadas ganen la batalla a las salvajes; y no lo hacemos por amor a las plantas, sino por amor a nosotros mismos, pues estas recompensan nuestros cuidados con mucho, muchísimo alimento.

Remedios vegetales

No cabe ninguna duda de que, sin los alimentos que nos suministran las plantas, no solo no existirían las gigantescas y poderosas civilizaciones pasadas y actuales, sino que ni tan siquiera lo harían las minúsculas y humildes poblaciones de cazadores-recolectores. No obstante, existe otro contexto de una trascendencia similar para el desarrollo de la humanidad en el que los vegetales también nos son de enorme utilidad, y ese no es otro que el campo de la farmacología. Curiosamente, fui consciente de la importancia que tienen para nuestra salud las sustancias sintetizadas por los organismos vegetales mucho tiempo antes de comenzar a estudiar la carrera de Bioquímica. Así que, aunque les debo mucho a mis profesores, el responsable de que viese por primera vez en las plantas un gigantesco e inabarcable dispensario farmacéutico del que poder surtirnos fue... James Bond.

Y es que la peli en la que Sean Connery interpreta a un intrépido investigador que viaja a la selva amazónica en busca de una cura para el cáncer me pareció de un aburrido soberbio, y sus interpretaciones tan insustanciales y poco creíbles que la protagonista femenina incluso tuvo el deshonor de ser nominada a los Premios Razzie (y con razón). Pero el día que la vi, a la salida del cine, no solo empecé a ver que los científicos podían ser individuos atractivos capaces de volver locas a las mujeres, sino que también comencé a intuir en las plantas a unos poderosos aliados de la humanidad. El tiempo me demostró el enorme error de mi primera percepción pero también de que no me equivocaba en lo concerniente a la importancia de las plantas, pues a principios del siglo XXI el 25 % de los medicamentos recetados a lo largo y ancho de este planeta tienen su origen en el mundo vegetal, el 11 % de las medicinas consideradas esenciales proceden directamente de las plantas, y otros muchos fármacos que utilizamos diariamente se producen sintéticamente a partir de precursores de origen vegetal.[10]

El componente que actúa como principio activo de estos fármacos se ajusta al perfil de una sustancia química que las plantas sintetizan para ser utilizada en su propia defensa, pero que en las dosis adecuadas permite a los humanos tratar multitud de enfermedades. Así, más allá del ya clásico sauce blanco (*Salix alba*) y de su famosísimo ácido acetilsalicílico, podemos destacar los fármacos opiáceos (como la morfina y la codeína), que actúan como potentes analgésicos y que proceden de la planta de la adormidera o amapola real (*Papaver somniferum*); la digoxina, que se extrae de la planta *Digitalis lanata*, empleada en el tratamiento de diferentes trastornos cardíacos; la atropina de la *Atropa belladona*, que actúa como principio activo en una enorme variedad de fármacos recetados para problemáticas cardíacas, respiratorias y gastrointestinales; la efedrina que fabrica la *Ephedra distachya*, que funciona como broncodilatador relajando el músculo liso de los bronquios para incrementar, así, la capacidad respiratoria; o la pilocarpina, extraída de vegetales del género *Pilocarpus*, que se utiliza en medicamentos con los que tratar el glaucoma. Pero, entre esta larguísima letanía de sustancias químicas que tienen su origen en el reino de las plantas, ¿no existe ninguna sustancia para curar el cáncer? ¡Vaya disgusto que se va a llevar el bueno de Sean Connery!

Aunque todavía no existe ningún fármaco capaz de «curar» el cáncer —sobre todo porque lo que genéricamente denominamos «cáncer» agrupa una multitud de enfermedades distintas, cuyo tratamiento debe ser abordado mediante estrategias diferentes—, sí disponemos de fármacos quimioterápicos cuyo origen se encuentra en el reino vegetal y que resultan muy útiles para tratar varios tipos de enfermedades neoplásicas. Probablemente el taxol, que se extrae de la corteza del tejo del Pacífico (*Taxus brevifolia*), sea el quimioterápico de origen vegetal más conocido.[11] Sin embargo, en este capítulo me he decidido por presentaros otras sustancias también extraídas de las plantas: los alcaloides de la vinca de Madagascar (*Catharanthus roseus*), que guardan una gran similitud con el taxol tanto en su utilidad para destruir células cancerosas como en su mecanismo de acción, y cuya historia, además, nos permitirá conocer la serendipia con la que la ciencia opera con frecuencia a la hora de realizar nuevos descubrimientos.

La historia sobre el descubrimiento de los alcaloides de la vinca de Madagascar comienza en 1952, con la llegada de una inesperada carta a uno de los laboratorios de la Universidad de Toronto.[12] La carta iba dirigida al joven doctor Clark Noble y procedía de una de sus pacientes, que en aquel momento se encontraba pasando una temporada en Jamaica. Lo más sorprendente de aquella situación no era que el sobre estuviera repleto con las hojas de una planta muy tóxica, la *Catharanthus roseus*, sino que la buena señora aseguraba que en aquel lugar las infusiones elaboradas con las hojas de dicho vegetal servían para tratar nada menos que la diabetes. Intrigado, el doctor Clark quiso comprobar la posible veracidad de aquella afirmación, y con ese objetivo envió una muestra de las hojas del vegetal a un grupo de investigación perteneciente a la Universidad de Western Ontario, especialistas en el tratamiento de la diabetes y en el que, además, trabajaba su hermano, el doctor Robert Noble. Allí, los investigadores utilizaron extractos acuosos obtenidos de las hojas de *C. roseus*, y se los suministraron por vía oral a varios voluntarios diabéticos sin observar ningún efecto significativo sobre el nivel de glucemia del paciente. Al no advertir ninguna evidencia de que el extracto acuoso extraído de las hojas de la vinca disminuyera los valores de glucosa en sangre, los científicos decidieron implementar una última estrategia antes de descartar definitivamente el vegetal. Para ello concentraron el extracto acuoso que habían obtenido de las hojas de *C. roseus* y se lo inyectaron directamente a un conjunto de ratas de laboratorio. Al principio no se observó efecto alguno, pero transcurrido un corto lapso de tiempo se dieron cuenta de que todos los roedores habían sucumbido al desarrollar una multitud de abscesos difusos en su organismo. La causa de la muerte en los roedores era compatible con la inmunosupresión provocada por una sobredosis de corticoides, lo que en un primer instante hizo pensar a los científicos que la vinca de Madagascar podría llegar a convertirse en un importante recurso del que obtener los —por entonces carísimos— corticoides. Sin embargo, rápidamente los investigadores fueron conscientes de que el mecanismo que había originado los abscesos en los animales de experimentación era muy diferente a la típica inmunosupresión que caracteriza los corticoides. La muerte de los roedores se debía a una acción más radical: la destrucción de la médula ósea.

Así, finalmente, la vinca no parecía ser útil para tratar la diabetes, ni tampoco servía como fuente de la que extraer corticoides; pero lo que para algunos de los investigadores supuso una decepción, para el hermano del doctor Clark Noble significó una importante revelación. Este investigador se dio cuenta de que la presencia en las hojas de la vinca de Madagascar de sustancias capaces de destruir la médula ósea de los animales postulaba a esta planta como recurso del que extraer sustancias muy útiles para tratar aquellas neoplasias relacionadas con el sistema hematopoyético, del tipo de leucemias y linfomas. De hecho, muy poco tiempo después se extrajeron e identificaron diversos alcaloides presentes en los tejidos de *C. roseus* que poseen actividad antineoplásica, de entre los cuales destacan (por el uso que actualmente hacemos de ellos) la vinblastina y la vincristina. Curiosamente, aunque su estructura molecular es parecidísima, estas dos sustancias resultan valiosas para tratar neoplasias de muy diferente tipología: la vinblastina se emplea

En la imagen izquierda: arilos de una hembra de *Taxus brevifolia*, árbol del que se obtiene el taxol. En la imagen derecha: flor de la vinca de Madagascar (*Catharanthus roseus*), planta de la que se extraen diversos alcaloides antineoplásicos, como la vinblastina y la vincristina.

en el tratamiento de cánceres de vejiga y mama, mientras que la vincristiana es muy útil para combatir tumores sólidos, linfomas y leucemias.[13]

Aunque la vinblastina y la vincristina se empleen en el tratamiento de neoplasias de muy diferente naturaleza, el mecanismo que ambas sustancias utilizan para destruir las células cancerosas es muy parecido, y a su vez también es similar al implementado por otra droga de origen vegetal como es el taxol. No en vano todas estas sustancias se catalogan dentro de un grupo de fármacos, llamados «antimitóticos», por su capacidad para impedir la formación del huso acromático durante la mitosis celular. Y, como esta última frase resultará elemental para un médico, un químico o un biólogo, pero probablemente suene a mesopotámico antiguo para el resto de los mortales, voy a explicar de forma sucinta el mecanismo de acción que utilizan estos compuestos, tan químicos como naturales, para combatir el cáncer.

Ahora mismo, en el instante en que estás leyendo este párrafo, muchas de las células de tu organismo se están dividiendo para originar nuevas células idénticas a sus progenitoras. El mecanismo por el que estas células se dividen se denomina «mitosis», y es un proceso imprescindible para que los tejidos de un organismo crezcan, se regeneren y se reparen. La mitosis tiene un objetivo principal: repartir equitativamente los cromosomas de la célula progenitora entre las dos células hijas, pues solo de ese modo ambas serán iguales y, además, una copia exacta de la célula original. Bueno, pues resulta que la tarea del reparto de los cromosomas de la célula predecesora entre sus células hijas durante la mitosis recae sobre una estructura celular denominada «huso acromático».

Aun a riesgo de parecer un chalado obsesionado con la biología, tengo que admitir que en ocasiones me veo a mí mismo como una especie de exasperado huso acromático. Cuando a los abuelos, de vuelta de su exótico viaje anual a las playas de Benidorm, se les ocurre traer como regalo una

—¡solamente una!— bolsa de caramelos a compartir entre mis dos hijos, su padre debe disfrazarse de rey Salomón repartiendo justicia en forma del mismo —exactamente el mismo— número y sabor de caramelos entre las dos criaturas. Y no quiero ni imaginar el drama que representarían mis pequeños Caín y Abel si no estuviera su progenitor para adjudicar las golosinas equitativamente a cada uno, del mismo modo en que el huso acromático de una célula en división lo hace entre sus células hijas (obviamente, no con caramelos, sino con los cromosomas). Pues resulta que la vinblastina, la vincristina, el taxol y todos los fármacos antimitóticos se dedican a echar por tierra el reparto de cromosomas entre las células hijas al impedir la formación del huso acromático. Y una célula en división que no es capaz de distribuir los cromosomas entre sus células hijas está destinada a... desaparecer sin dejar descendencia.

Mas ¿qué tiene que ver todo lo anterior con el cáncer? Pues básicamente que todas las células cancerosas, ya sea en una neoplasia de pulmón, de vejiga o en una leucemia, mantienen una característica en común: se dividen mediante mitosis a toda velocidad. Los fármacos antimitóticos impiden la formación del huso acromático en las células cancerosas en división, de modo que, estancadas en este proceso, no solo no pueden proliferar, sino que se ven abocadas a desaparecer. Así, la vinblastina y la vincristina extraídas de la *C. roseus* eliminan las células malignas; por desgracia, sin embargo, también existen otras muchas células sanas en un individuo que van a ser destruidas por estas mismas sustancias al verse impedida su mitosis. Los efectos secundarios en forma de caída del pelo, vómitos o aparición de llagas a lo largo del tubo digestivo son la desagradable manifestación que confirma que los quimioterápicos también están destruyendo algunas de las células sanas del paciente.

*

Algunos humanos han adquirido la mala costumbre de buscar un beneficio personal en cada una de las acciones en las que se involucran, y, si algo no redunda en su propio interés, ni siquiera se molestan en mover un dedo. Esta actitud se ve reflejada en muchos de mis alumnos cuando se empeñan en encontrar una utilidad a toda criatura viva, hasta el punto de que algunos incluso llegan a justificar la existencia de un organismo exclusivamente en el caso de que, de algún modo, este pueda rentar a nuestra especie. En realidad, por mucho que lo intente, no siempre podré convencer a mis alumnos de que los seres que habitan en este planeta tienen tanto derecho a existir como nosotros, independientemente de que nos sean o no de utilidad; pero al menos espero que, conociendo el beneficio que los humanos sacamos del reino vegetal y apelando a su propio interés, se lo piensen dos veces antes de arrancar las plantas que cada medio mes tenemos que sembrar en el jardincito de la escuela.

15

Todo tiene un principio

Parece ser que solo cuando los artistas de Hollywood suben al estrado para agradecer un premio —o cuando el inexorable paso de los años empieza a pesarnos de verdad al resto de los mortales— somos capaces de detenernos dentro de la vorágine de estúpidas ocupaciones con las que llenamos nuestros días y volver la mirada hacia el pasado más lejano, al principio de todo. Y, personalmente, ese fugaz vistazo a lo que una vez fui, a través del cristal que ha ido puliendo la experiencia de toda una vida, me permite ser consciente de que aquello para lo que me he creído predestinado, aquello que siempre había aceptado como premeditado e inevitable, en realidad ha sido el resultado de una enorme y hermosa casualidad. Amo mi profesión, disfruto en cada una de las clases que imparto, con cada una de las salidas al campo, las prácticas de laboratorio y las excursiones que realizo junto a mis alumnos, y, aunque sé que algunos me van a poner de vuelta y media (y con razón), a veces los dos meses de vacaciones se me hacen demasiado largos… Mas, a pesar de todo ello, debo reconocer que he llegado a ser profesor por un afortunado cúmulo de casualidades.

Aunque, superada ya mi cuarta década de vida, dudo mucho que pudiera dedicarme a otra cosa que no estuviera ligada a la enseñanza, lo cierto es que cuando terminé mis estudios no pensaba para nada de este modo. Solo la casualidad, disfrazada de necesidad económica, hizo que abandonase una raquítica beca en un centro de investigación por un adecuado sueldo como profesor a jornada completa en un instituto concertado de la pequeña ciudad donde crecí (y de la que siempre había querido escapar). Solo la casualidad, disfrazada de cambio de planes por una crisis sentimental, hizo que uno de mis amigos —que, curiosamente, siempre había soñado con ser profesor— cambiara la tiza por el uniforme de alférez un par de días antes de comenzar el curso escolar, dejando a las pobres monjas sumidas en la confusión y ante la imperiosa necesidad de encontrar un sustituto. Solo la casualidad —porque me niego a creer que los rezos tuvieran nada que ver— hizo que, un día antes de empezar a trabajar como becario, la directora del colegio, apremiada por la necesidad, decidiera que un enclenque e imberbe chaval de 24 años que acababa de terminar la objeción de conciencia era su mejor —probablemente la única— opción para impartir toda una retahíla de asignaturas a los alumnos de cuarto de la ESO.

Sin duda, todo tiene un inicio, y la inmensa mayoría de las veces, como sucede con las buenas novelas, el principio da muy pocas pistas de cómo llegará a ser el desenlace. Las cosas que ahora asumimos como premeditadas e inevitables tuvieron un principio accidental con un final, por entonces, inesperado. Paradójicamente, en este último capítulo vamos a retornar al principio: el origen del sorprendente y hermoso mundo de las plantas. Volveremos la mirada hacia la simiente que originó un grupo de organismos que hoy nos maravillan por su enorme complejidad, y que a algunos incluso podría deslumbrar haciéndoles creer en un diseño preconcebido o en una finalidad orquestada, cuando en realidad solo se trata del resultado de un conjunto de felices casualidades, perfectamente aprovechadas por la evolución.

El origen del reino de las plantas está ligado —como el origen de todos los seres vivos— a la aparición de la vida en este planeta rocoso, que se formó hace aproximadamente 4.570 millones de años. La vida comenzó en el planeta Tierra casi mil millones de años después de que este se hubiera formado, y al organismo primigenio que la habitó, que es el ancestro que tenemos en común todos los organismos que existimos y han existido en el planeta, se lo conoce con el nombre de «LUCA» (último antepasado común universal, por sus siglas en inglés).

LUCA es el organismo unicelular del que descienden los tres linajes celulares que actualmente podemos observar: bacterias, arqueas y células eucariotas. Los dos primeros tipos de organismos, bacterias y arqueas, al igual que LUCA, son organismos unicelulares que carecen de núcleo y prácticamente de orgánulos celulares, pero que, a pesar de su sencillez, fueron capaces de engendrar la compleja célula eucariota. Una de las conjeturas más plausibles que manejan los científicos para explicar el origen de la célula eucariota es la teoría de la endosimbiosis seriada, cuya más famosa defensora fue la

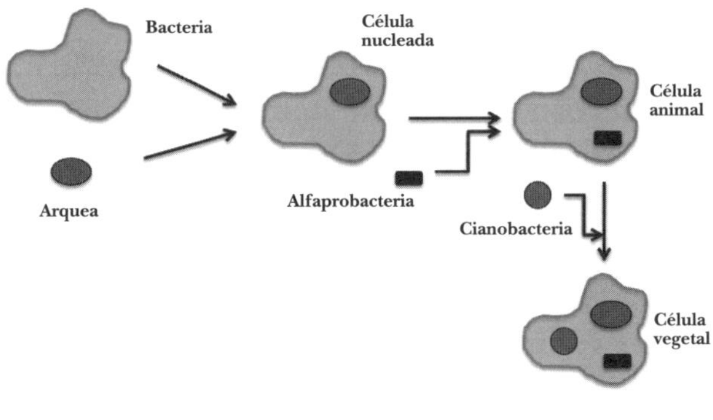

Proceso de endosimbiosis seriada. En el primer paso, una arquea es fagocitada por una bacteria, pasando a convertirse en el núcleo de la futura célula eucariota. Posteriormente, se produce una segunda fagocitosis (en este caso, de una alfaproteobacteria, que se transformará en las mitocondrias de la célula); lo que origina la célula animal. Finalmente, la fagocitosis de las cianobacterias con capacidad fotosintética originará los cloroplastos de la célula vegetal.

bióloga estadounidense Lynn Margulis.[1, 2] Esta teoría postula que la célula eucariota, tanto la animal como la vegetal, surgió de varios episodios de canibalismo celular que terminaron en un útil, feliz y, sobre todo, inesperado atragantamiento.

El origen de un reino

A pesar de todo lo anterior, para llegar a los primeros vegetales la evolución tuvo que dar un salto más, un importante salto desde los organismos constituidos por una única célula hasta los seres más complejos, formados por millones de ellas. Dentro del largo camino que la vida recorrió hasta llegar al reino de las plantas, una de las paradas intermedias fue el origen de las algas verdes. Durante mucho tiempo, las algas verdes de agua dulce habrían ido desarrollando diferentes estructuras, como pigmentos capaces de protegerlas de la radiación ultravioleta del sol o un recubrimiento ceroso en su epidermis que les permitiese soportar períodos cada vez más largos de sequía, durante los cuales debían permanecer fuera del agua; y hace unos 450 millones de años algunas de ellas ya estaban dispuestas a dar el salto definitivo a la tierra firme, no ya como algas, sino como verdaderas plantas.[3]

Los primeros vegetales en colonizar la tierra firme no fueron precisamente esos exuberantes árboles repletos de ramas, hojas y flores que observamos cuando paseamos al perro tranquilamente por el parque: se trataba más bien de plantas de pequeño tamaño, carentes de la raíz, el tallo y las hojas que normalmente se les asume, y que únicamente se desarrollaban adyacentes a la misma agua de la que aspiraban independizarse. Hoy en día podemos ver muchos de esos pequeños y primitivos vegetales que dieron el primer paso para colonizar la tierra, ya que actualmente existen más de 15.000 especies de estas plantas (conocidas como «briofitas»), cuyo más famoso representante es el musgo, con el que algunos todavía decoran —aunque no deberían— el belén navideño.

Las briofitas aparecieron en nuestro planeta casi de forma simultánea a los anfibios, a los que servirían como alimento, y debieron hacer frente a los mismos problemas que acuciaban a estos animales dentro de un nuevo entorno. Por aquel entonces, la composición de la atmósfera no era un inconveniente, pues la fotosíntesis implementada por algas y cianobacterias había liberado, como subproducto, el oxígeno molecular. El gas difundía del agua hasta la atmósfera, lo que permitía que, aunque su concentración fuese la décima parte de la actual, los primeros vegetales de tierra firme pudieran utilizarlo —como ahora también hacemos nosotros— como aceptor final de electrones durante la respiración celular. Pero había un problema que los nuevos colonos (tanto briofitas como anfibios) ni entonces ni ahora han llegado a solucionar: la dependencia del agua para su reproducción; lo que les ha impedido desvincularse definitivamente de este medio. Hepáticas, antoceros y musgos, los tres únicos filos de briofitas que todavía existen, viven permanentemente ligados al agua porque sus espermatozoides, al igual que les sucede a los de los anfibios, necesitan ser arrastrados por el agua hasta alcanzar un gameto femenino al que fecundar.

Casi al mismo tiempo que las briofitas colonizaban la tierra firme, otro tipo de plantas comenzaban a proliferar sobre la sólida superficie del planeta, ganándoles poco a poco el terreno a las primeras: las plantas vasculares sin semilla. Los científicos creen que ambos tipos de vegetales proceden de un ancestro común, que sería el antepasado de todas las plantas actuales: las algas verdes de la clase *Charophyceae*.[4] Mas un familiar lejano no es lo único que parecen compartir estos vegetales, pues las plantas vasculares sin semilla (entre las que destacan los helechos) presentan la misma limitación que las briofitas: necesitan el agua para su reproducción, de modo que viven permanentemente vinculadas a ella. Sin embargo, a diferencia de los musgos, los helechos han desarrollado un sistema vascular que mejora el transporte de agua y nutrientes a través de sus tejidos y que les permite levantar su verde estructura del suelo.

Las plantas vasculares sin semilla empezaron a ganar a las briofitas en la batalla por la conquista de la superficie de la Tierra gracias a un novedoso sistema vascular (una especie de sencilla red de tuberías), constituido por el xilema y el floema. El xilema transporta el agua y las sales minerales absorbidas a través de las raíces, mientras que el floema reparte entre todas las células del vegetal los nutrientes obtenidos una vez realizada la fotosíntesis. Ambos tipos de conducciones no solo transportan eficazmente la savia bruta y la savia elaborada, respectivamente, sino que además actúan como estructuras de sostén, lo que permitió que los helechos alcanzaran alturas considerables (y con las que las briofitas, carentes de adecuados elementos de soporte sobre los que erguirse, ni siquiera podrían llegar a soñar).

Pero si levantarse en busca de la luz solar por encima de sus competidoras no supusiera ya de por sí una relevante ventaja para los helechos, estos desarrollaron otra estructura que resultó incluso de mayor importancia en el mundo de las plantas: el megafilo. Bajo este nombre, que nos puede resultar ciertamente extraño, se esconde una estructura vegetal conocida hasta por los niños más pequeños: la típica hoja plana y de relativo gran tamaño que está recorrida por los vasos conductores de la planta, de la misma forma que los tejidos que forman nuestra mano lo están por los vasos sanguíneos.

En la inmensa mayoría de las plantas vasculares sin semilla, las estructuras sobre las que se disponen las esporas son simples ramificaciones terminales llamadas «telomas»; y algunos científicos creen que fueron estas estructuras las que evolucionaron para formar las hojas complejas de los helechos y de las plantas con semilla.[5] El proceso podría

En la imagen izquierda podemos ver un musgo que ha desarrollado una serie de filamentos con los que liberar esporas (esporofito). En la imagen derecha se muestran los frondes de un helecho con los soros (puntos oscuros sobre los frondes) repletos de esporas.

haber comenzado en algunas plantas vasculares sin semilla en el momento en que una pareja de telomas (siempre de igual longitud) hubiera roto su simetría al crecer uno de los miembros de la pareja más rápidamente que el otro. Posteriormente, varias parejas de telomas con diferentes longitudes y que se ubicaban el uno tras el otro se situarían en un mismo plano; y, finalmente, quedarían unidos por el tejido vegetal que se dispondría entre los telomas, constituyendo, así, la hoja compleja o megafilo (al que en los helechos llamamos «fronde» y en las plantas con semilla, simplemente, «hoja»).

Accediendo con mayor facilidad a la luz solar gracias a su altura y absorbiendo más eficazmente la radiación emitida por nuestra estrella debido al tamaño de los frondes, los helechos dominaron el planeta durante el período Carbonífero (hace 350 millones de años); pero, como la historia se ha encargado de demostrar, hasta los imperios más poderosos terminan por caer, y la aparición de las plantas con semilla constituyó el principio del fin para el reinado de los helechos gigantes. Tan rotunda fue la derrota de los helechos ante las plantas con semilla que estos vegetales tan solo conforman un 5 % de las especies de plantas actuales. Aun así,

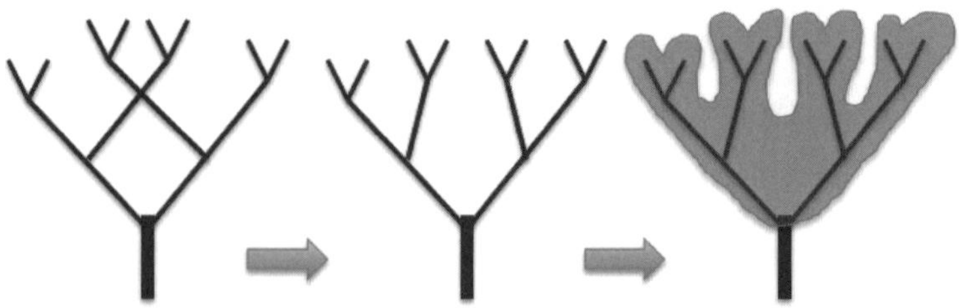

Representación esquemática del proceso evolutivo secuencial de formación de un megafilo según la teoría telómica. En la primera imagen se observa un crecimiento diferencial de los telomas (etapa de culminación). En la segunda imagen, los telomas (que estaban dispuestos unos delante de los otros) se sitúan en el mismo plano (etapa de planación). Finalmente, en la última imagen del proceso, los espacios comprendidos entre los filamentos de los telomas se rellenan de tejido vegetal (etapa de concrescencia), formando el megafilo u hoja.

los humanos tenemos que estar eternamente agradecidos a los helechos por la energía que una vez fijaron en el negro y pétreo corazón del carbón, ya que eso nos permitió llevar a cabo la Revolución Industrial e impulsar definitivamente el desarrollo de nuestras sociedades.

No obstante, aun habiendo sido los claros perdedores de la guerra evolutiva, también es verdad que incluso hoy en día, en muy determinados contextos, los helechos se toman cumplida revancha ganando alguna batalla a las todopoderosas plantas con semilla. Este es el caso del *Lygodium microphyllum*, un helecho trepador que se ha convertido en una peligrosa plaga para el ecosistema de los Everglades del sur de Florida. Esta planta crece aupándose sobre los árboles, cubriéndolos completamente (como si se tratara de una enorme, verde e impenetrable manta de un metro de grosor). La brutal e imparable proliferación del *L. microphyllum* se debe a varios factores: la enorme cantidad de esporas que produce (hasta 15.000 esporas por centímetro cuadrado de fronde); su elevado éxito de germinación, que alcanza hasta un 80 % de las esporas que fabrica; su rápida velocidad de germinación (en tan solo seis días ya tenemos nuevos helechitos); y el elevado tiempo que las esporas pueden permanecer viables (un mínimo de dos años).[6, 7] Todas estas características han hecho del *L. microphyllum* un rival que ni siquiera las poderosas plantas con semilla pueden derrotar, y al que malamente los humanos, incluso con toda nuestra ciencia, podemos controlar.

Volando libre

Mirando hacia atrás en la historia evolutiva de los seres vivos —y también en nuestra propia historia personal—, hay una conclusión a la que podemos llegar con cierta facilidad: ¡qué difícil resulta romper un vínculo! Y, si en el mundo personal de este humano el vínculo más difícil de deshacer es el que una vez estableciese con la compañía operadora de mi teléfono móvil, en el mundo natural, las plantas y los animales lo han tenido aún más complicado para desvincularse del agua engendradora de vida.

Los anfibios fueron los primeros vertebrados que trataron de rebelarse contra la tiranía del agua, pero solo lo consiguieron en parte. La transformación de las aletas en patas con las que desplazarse por la solidez del terreno y la aparición en su estado adulto de un par de pulmones que les permitía respirar el oxígeno del aire les otorgaron cierta libertad; pero tanto la reproducción como el desarrollo de sus crías los seguían uniendo irremediablemente al líquido elemento. Solo con la aparición de los reptiles los animales pudieron alejarse del agua y, de ese modo, colonizar prácticamente todos los ecosistemas del planeta. La evolución dotó a los reptiles de tres características imprescindibles para abandonar definitivamente el entorno líquido: la fecundación interna, que fusionaba los gametos en el interior del cuerpo de la hembra; un huevo de cáscara dura e impermeable que posibilitaba el desarrollo del embrión fuera del agua; y unas rígidas escamas, que minimizaban la pérdida de agua a través de la piel.

En el reino de las plantas, fueron las briofitas y los helechos los que comenzaron la rebelión contra el totalitarismo que hasta entonces había impuesto el agua, pero también en este caso su emancipación fue solo parcial. El principal aspecto que impide a estas plantas terrestres primigenias separarse definitivamente del agua es la necesidad de que los gametos masculinos y femeninos sean arrastrados por este líquido para poder encontrarse y formar la nueva planta. Sin embargo, hace aproximadamente 290 millones de años, las cadenas que unían las plantas con el medio acuoso se rompieron con la aparición de los reptiles del mundo vegetal: las gimnospermas.

Bajo el nombre de «gimnospermas» se aglutinan en la actualidad unas 760 especies de árboles, aunque la mayoría de nosotros no tengamos ningún pudor en llamarlas, simplemente... ¡«pinos»! Clásico error de generalización que se da en familias tan poco observadoras como la mía; y es que, de igual modo que cualquier individuo con los ojos ligeramente rasgados —ya fuera el profesor japonés que enseñaba kárate a mis hermanos o el vecino del quinto, que era más canario que el propio mojo picón— pertenecía invariablemente al gran Imperio chino, para mi familia cualquier árbol que, en vez de las clásicas hojas, poseyera acículas era... un pino de los de toda la vida. Es más, me avergüenza reconocer que solo muchos años después de abandonar la casa de mis padres llegué a ser consciente de que los dos enormes pinos de nuestro jardín (bajo cuyas protectoras copas creía haberme dado el primer beso) no eran sino dos hermosos cedros del Himalaya; y que el árbol de Navidad con el que cada 21 de diciembre adornábamos el salón no solo no era un pino —¡ni tan siquiera un abeto!—, sino que se trataba de una pícea (*Picea abies*). Con un mínimo de interés descubrí que las acículas de los pinos se unen de dos en dos (con una acícula más en Canarias), que estas se disponen en pequeños ramilletes en los cedros, que en los abetos y en las píceas aparecen formando una especie de cepillo (como el que tenemos en la cocina para limpiar los vasos de tubo), o que el primitivo *Ginkgo biloba* ni siquiera posee acículas, sino hojas que asemejan la coleta de un grueso luchador de sumo. Y, a pesar de todas estas diferencias que nos permiten reconocer este tipo de plantas con cierta facilidad, las gimnospermas comparten dos importantes características que no aparecen ni en las briofitas ni en los helechos: la producción de polen y la formación de semillas.

En primer lugar, debemos saber que las gimnospermas poseen flores. Y sí, ya me imagino que estaréis pensando que jamás habéis visto crecer una flor sobre un pino, pero es que no me estoy refiriendo a las típicas flores con sus pétalos, sus estambres y sus bellos colores (estas aparecieron posteriormente con las angiospermas), sino a unas flores especiales que nadie en su sano juicio regalaría por el día de Sant Jordi, y que se conocen con el nombre de «conos» o «piñas». ¿A que ahora sí que os suenan? Bueno, pues las flores de las gimnospermas son unisexuales, es decir: por un lado, existen unas flores llamadas «piñas» o «conos ovulíferos» que producen los gametos femeninos, mientras que, por el otro, unas flores llamadas «conos polínicos» fabrican los gametos masculinos. ¡Ah!, y además suelen aparecer ambos tipos de flores a la vez en el mismo arbolito. En realidad, una y otra son muy fáciles de distinguir, pues las piñas jóvenes y todavía verdes que crecen en los pinos, abetos o píceas son las flores femeninas, entre cuyas escamas se encuentran los óvulos; mientras que unos engrosamientos que aparecen en los extremos de las ramas, normalmente amarillentos y que liberan un denso polvillo ante el menor contacto, son las flores masculinas. De hecho, ese polvo que se desprende de los conos masculinos está formado por miles de millones de unas minúsculas partículas, conocidas como «granos de polen».

En la imagen izquierda se pueden observar las flores masculinas o conos polínicos del enebro (*Juniperus communis*). En la imagen derecha se aprecian sus flores femeninas o conos ovulíferos, que en esta planta (a diferencia de la mayoría de las gimnospermas) se localizan sobre diferentes individuos.

En el interior de cada uno de los granos de polen —que, a millones, liberan las flores masculinas de una típica gimnosperma— encontraremos dos espermatozoides sin flagelo y una célula especial llamada «célula polínica». Precisamente es en tan peculiar célula donde se oculta el truco que han utilizado las gimnospermas para escapar definitivamente del dominio al que el medio acuoso somete las otras plantas. Así, cuando el grano de polen, transportado por el viento desde los conos polínicos de un árbol, aterriza entre las escamas de una piña ovulífera (preferentemente de otro árbol distinto), la célula polínica del grano de polen empieza a multiplicarse formando un largo tubo que se dirige indefectiblemente hacia el óvulo. Una vez formado, el tubo polínico permite que la pareja de espermatozoides del grano de polen desciendan —como si de felices niños por un tobogán se tratara— directamente hasta el óvulo; aunque solo uno de los dos gametos masculinos lo va a fecundar.

Desarrollándose de esta manera, el proceso de la fecundación no necesita de la participación del agua: se lleva a cabo en seco y lejos del líquido elemento, a modo de la fecundación interna de reptiles, aves y mamíferos. Sin duda, la aparición del polen —aunque nos moleste sobremanera a los alérgicos— constituye un logro evolutivo importantísimo, pues permitió que muchas plantas rompieran el estrecho vínculo que las hacía totalmente dependientes del agua. Sin embargo, solo la combinación del polen con otra novedosa estructura vegetal permitió a las gimnospermas colonizar y dominar el mundo entero del modo en el que estas plantas lo hicieron en el pasado: obviamente, estoy hablando de la semilla.

La semilla de las gimnospermas se forma cuando uno de los espermatozoides del grano de polen fecunda a uno de los óvulos situados entre las escamas de la piña ovulífera o flor femenina. Pasado ese momento, la joven y verde piña se secará, abrirá sus brácteas y soltará las semillas. Cada una de las semillas contiene un embrión, una pequeña cantidad de alimento y la pared endurecida del propio óvulo (llamada «testa»), que protege al embrión de la desecación y de la dañina acción de hongos y patógenos. Obviamente, tener a tu futuro retoño cómodamente protegido con su ración de alimento dentro de una semilla constituye una enorme ventaja evolutiva no solo para las gimnospermas, sino también para todas las plantas con semilla. Pero es que, además, las semillas permiten a los embriones vegetales permanecer en un estado latente durante largo tiempo, hasta que las condiciones del entorno sean las adecuadas para germinar; y también mejoran el proceso de dispersión de su futura descendencia, que permitirá a una especie vegetal colonizar nuevos territorios y asegurarse la supervivencia cuando las condiciones de su entorno cambien.

Jaque mate

Ahora, después de todo lo dicho, de la loa «peloteril» que he vertido hacia las gimnospermas: ¿por qué cuando salgo a pasear por el campo es tan difícil encontrarse con una gimnosperma que no forme parte de un espeso muro de arizónicas o de unos pinos de replantación? También es verdad que si ese mismo paseo lo diéramos bien abrigaditos por la taiga rusa o canadiense, nos encontraríamos con multitud de abetos, píceas y cedros que se han adaptado estupendamente a tan fríos y secos ecosistemas; no obstante, la percepción anterior no está, en absoluto, equivocada. El 90 % de las especies vegetales actuales no son briofitas, ni helechos, ni tampoco gimnospermas, sino que pertenecen al grupo más exitoso de plantas que jamás haya conocido nuestro planeta: las angiospermas.

Las gimnospermas fueron las plantas dominantes durante cientos de millones de años hasta que, hace unos 130 millones de años, aparecieron unos vegetales dotados de poderes extraordinarios contra los que las demás plantas (incluidas las evolucionadas gimnospermas) poco podían hacer. Cuando varios organismos compiten por un mismo recurso —llámalo agua, llámalo luz, llámalo sales minerales…—, el más eficiente es el que prolifera y el resto… el resto se adapta a condiciones diferentes, o simplemente desaparece. Solo tenemos que recurrir a la luminosidad que aportan los números para ser conscientes de quiénes ocupan el trono en el reino de las plantas: hoy por hoy conocemos más de ¡250.000 especies de angiospermas! Mas ¿qué es lo que ha provocado que en un lapso tan corto estos vegetales hayan llegado a dominar el planeta? En realidad, no se trata de una sino de varias características que mejoran aspectos tan importantes para un vegetal como son la gestión y el aprovechamiento del agua, el proceso de polinización, y el desarrollo y la dispersión de las semillas.

Para comprender mejor las características que han conferido una ventaja evolutiva a las angiospermas frente al resto de vegetales, vamos a inventarnos un sencillo pasatiempo. Imaginemos que, buscando un hotel donde alojarnos con la familia de cara a las próximas vacaciones, entramos en una de esas webs que nos permiten comparar las características de varios hoteles antes de decantarnos por uno. Tras descartar pensiones baratas que se han quedado muy anticuadas (briofitas y plantas sin semilla), nos hemos quedado con dos hotelitos que no están nada mal y que, además, nos cuestan exactamente lo mismo: el hotel Gimno y el hotel Angio. El hotel Gimno es uno de esos establecimientos con solera que tuvo un enorme éxito tiempo atrás, pero que ahora presenta ciertas incomodidades. Por ejemplo, sus tuberías transportan adecuadamente el agua, pero si te alojas en las habitaciones superiores el agua tarda en llegar, y lo hace con poca presión. Eso es debido a que las «tuberías» que conducen el agua hasta las hojas (el xilema) están formadas por unas células (llamadas «traqueidas») por las que el agua pasa de una a otra, pero lo hace a través de unos minúsculos poros que decoran sus laterales. Sin embargo, el hotel Angio posee unas tuberías más modernas, en las que el xilema combina las antiguas traqueidas con unos elementos de vaso que son más anchos y que, por tanto, pueden transportar cien veces más cantidad de agua que las traqueidas del hotel Gimno.

Otra diferencia entre ambos hoteles la vemos con la comida que nos ofrecen para los nenes: así, los embriones en el hotel Gimno deben conformarse con el mísero alimento que posee el propio óvulo fecundado, mientras que los embriones que se alojan en el hotel Angio disponen de un enorme bufé libre (llamado «endospermo»). Esa diferencia en cuanto al alimento presente en la semilla se debe a que la fecundación en las angiospermas es doble, pues los dos espermatozoides que se encuentran en el grano de polen fecundan dos óvulos distintos: uno formará el embrión, y el otro dará lugar a una importante reserva de alimento (ese bufé libre-endospermo). Si hacemos memoria, recordaremos que la fecundación en las gimnospermas era simple, pues solo uno de los dos espermatozoides fecundaba el óvulo. Es por eso que las semillas de estas plantas carecen del alimento extra para sus embriones que aporta el endospermo.

Por otro lado, el hotel Angio nos oferta algo que de ninguna manera puede permitirse el hotel Gimno: un seguro de cancelación (algo así como una protección extra). En las angiospermas, una modificación de las hojas ha originado un ovario, en cuyo interior se localizan los óvulos. Cuando estos son fecundados, las paredes del ovario comienzan a engrosar, hasta formar una estructura que protegerá a las semillas (y que todos conocemos como «fruto»).

Finalmente, por si todas estas características no fueran ya decantando la balanza de nuestra futura elección, hay que decir que el hotel Angio es… ¡ay!, tan bonito y huele tan tan estupendamente que no hay quien se resista a alquilar una de sus habitaciones. La aparición de las flores hermafroditas —en las que coexisten los aparatos reproductores masculino y femenino en un mismo porte—, con sus pétalos de colores y sus exquisitas esencias, atraen a los polinizadores con tanta eficacia como la miel a las moscas.

Así, es lógico que, después de conocer las características del hotel Angio, no solo terminemos por reservar una habitación, sino que entendamos el éxito evolutivo de las angiospermas (y el repaso en toda regla que le han dado a las gimnospermas y al resto de plantas que se desarrollan en este planeta).

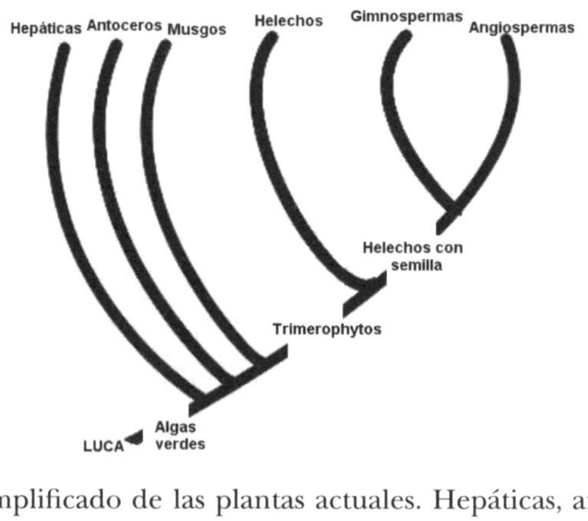

Árbol evolutivo simplificado de las plantas actuales. Hepáticas, antoceros y musgos se agrupan bajo el nombre de «briofitas». Los helechos, junto a licopodios y equisetos (que no han sido representados en el esquema), pertenecen al grupo de las pteridofitas. Gimnospermas y angiospermas conforman las plantas con semilla.

No cabe duda de que, si hubiéramos asistido al humilde origen de la célula vegetal, pocos de nosotros habríamos apostado por que esta llegaría a transformarse en uno de los más bellos, complejos y sorprendentes reinos que sostienen y llenan de vida este planeta. Después de todo, puede ser que algunos, incapaces de mirar críticamente hacia el pasado, continúen viendo en el fascinante mundo vegetal la firme mano creadora de un ser inteligente y todopoderoso. Mas, personalmente, siempre continuaré sorprendiéndome de cómo la evolución es capaz de utilizar las más sutiles casualidades para dar forma a un destino que, a pesar de parecerlo, nunca ha estado definido de antemano.

Epílogo

El mundo de las plantas aglutina toda la complejidad, la belleza y el misterio que caracterizan a la propia vida. Las plantas son seres sensibles que se comunican, capaces de percibir e interpretar multitud de estímulos y de elaborar recuerdos; organismos que establecen vínculos de colaboración con sus amigos y se defienden sin piedad de sus enemigos, que no dudan en engañar y aprovecharse de los otros para sobrevivir; y dotadas de una plasticidad y capacidad de adaptación sin igual, que les ha permitido colonizar todos, absolutamente todos los ecosistemas del planeta. Pero, a pesar de la enorme y sorprendente complejidad que estos organismos presentan, constituye un error tratar de encontrar entre los vegetales las características que definen a nuestra especie; debemos renunciar a la antropocentrista estrategia de otorgar valor únicamente a aquellos seres que más se nos parecen, porque de ninguna manera nosotros constituimos un patrón de medida para todas las cosas. No es necesario atribuir de modo artificial a las plantas sentimientos, sensaciones o actitudes humanas: ellas, por sí mismas, ya son lo suficientemente admirables y prodigiosas.

Dicho esto, no puedo imaginar un mundo sin plantas, no solo porque sería imposible la vida tal y como la conocemos, sino porque —como le sucediera al mismísimo

Príncipe Myshkin, tan idiota como yo— soy consciente de que mantenemos con ellas un vínculo indisoluble que se manifiesta en la emoción que, por ejemplo, genera en mí la simple observación de una flor, un árbol o un bosque. Y es que no puedo olvidar la extraña sensación de soledad y desamparo que siempre me acontece cuando asciendo hasta alguna de las majestuosas cumbres de la Sierra de Gredos, rodeado de frías rocas y de cabras que desdeñan mi presencia; y de la que solo me recupero cuando —una vez de vuelta, al atravesar el bosque que me conduce hasta mi coche— las ramas de los serbales y de los robles me calman con sus abrazos, o cuando las pegajosas hojas de la jara y los frondes de los helechos me reconfortan con sus ásperas y familiares caricias.

A través de las páginas de este libro he intentado reflejar el profundo amor que siento por el mundo de las plantas, pero lejos de dejarme arrastrar por un sentimentalismo vacío e irracional, que solo conseguiría confundir y engañar al lector, he tratado de hacerlo siguiendo el camino, a veces difícil pero siempre riguroso, que nos marca el conocimiento científico. Finalmente, tan solo espero que, a través de la lectura de estas páginas, el maravilloso reino de las plantas haya dejado de ser para todos vosotros… el reino ignorado.

Créditos de las ilustraciones

Página 24: Una adelfa *(Nerium oleander)* con flores rosas: © Olga Larionova – Shutterstock; Varias semillas de la planta de ricino *(Ricinus communis)*: © Dimijana – Shutterstock.

Página 40: Espinas gigantes sobre el tronco de una acacia de tres espinas *(Gleditsia triacanthos)*: David G. Jara; El fruto de la *Erodium laciniatum*: © Alybaba - Shutterstock.

Página 43: Tricomas tapizando la superficie de una hoja: © Mattckaise – Shutterstock.

Página 48: Un domacio en una acacia: © Richcam - Shutterstock; Hormigas del género *Pseudomyrmex* alimentándose en los nectarios situados en las ramas de una acacia *(Vachellia cornigera)*: ©Angel DiBilio – Shutterstock.

Página 53: Los efectos provocados en las mandíbulas de las larvas de *Spodoptera exigue*: Imagen obtenida de Korth *et al.*, p.192.

Página 57: *Abronia latifolia* en flor: © Gurcharan Singh – Shutterstock.

Página 65: Una hoja de *Passiflora boenderi*: Cortesía del Dr. Scott Zona; Una planta del género *Lithops*: David G. Jara.

Página 113: Proceso de formación de un zarcillo: © AlessandroZocc – Shutterstock.

Página 115: La curva de memoria del zarcillo de una planta de guisante (*Pisum sativum*): Imagen modificada de Jaffe, 1980, p.488.

Página 131: Un ejemplar de *Symplocarpus foetidus*: © F_studio – Shutterstock; Flores de *Crocus carpetanus*: © Janna_08 – Shutterstock.

Página 133: Fruto (izquierda) e inflorescencia (derecha) de *Philodendron selloum*: © Christine C Brooks – Shutterstock.

Página 139: Nódulos formados por bacterias fijadoras del nitrógeno del género *Rhizobium* en la raíz de una leguminosa: © Worachat Tokaew - Shutterstock.

Página 144: Ejemplar de *Myrmecodia tuberosa*: © Kongsak Sumano – Shutterstock.

Página 146: Una escena de caza protagonizada por la famosa venus atrapamoscas *(Dionaea muscipula)*: ©Hayati Kayhan - Shutterstock; El proceso utilizado por la *Utricularia inflata* para capturar a sus presas: © Mrphart Creation – Shutterstock.

Página 148: La estructura en forma de vasija que presenta la hoja de la *Sarracenia purpurea* para capturar a sus presas: © Lakeview Images – Shutterstock; La estrategia que utiliza la *Drosera rotundifolia* para apresara un crisópido: ©Alessandro Colle – Shutterstock.

Página 151: La orquídea *Angraecum sesquipedale* con su gigantesco espolón descendente: © Hanjo Hellmann – Shutterstock.

Página 157: Las flores del dondiego de noche *(Mirabilis jalapa)*: © Adina munteanu – Shutterstock; La enorme inflorescencia de la *Amorphophallus titanum*: © Bildagentur Zoonar GmbH – Shutterstock.

Página 160: Una pareja de coleópteros alimentándose del néctar de una planta: David G. Jara; La orquídea *Ophrys sphegodes* con el labelo imitando el abdomen de una hembra de la abeja solitaria *Andrena nigroaenea*: © Martin Fowler – Shutterstock.

Página 170: Ejemplar de *Salsola kali* © Eirik Gumeny – Shutterstock; Vilanos que transportan las semillas del diente de león (*Taraxacum officinale*): © Pam Walker - Shutterstock; Semillas de olmo (*Ulmus spp.*): © ChWeiss – Shutterstock; Semillas tipo sámara de arce (*Acer spp.*): © Vova Shevchuk – Shutterstock.

Página 172: Fruto todavía verde de *Hura crepitans*: © Weerapong Worranam – Shutterstock.

Página 173: Proceso de dehiscencia explosiva en los frutos tipo vaina del *Impatiens capensis*: Imagen modificada de Hayashi *et al.*, 2009, p. 2046.

Página 178: El fruto del abrojo (*Tribulus terrestris*) © Noppharat4969 – Shutterstock.

Página 190: Un sorgo (*Sorghum bicolor)*: © Sayanjo65 – Shutterstock; Unos ejemplares de siemprevivas *(Sempervivum* spp.): David G. Jara.

Página 196: Las raíces de una planta del género Ficus (concretamente de un *Ficus benghalensis*): © PNCpinnacle – Shutterstock; Una pequeña planta de una higuera estranguladora *(Ficus religiosa)*: © Tony Kan – Shutterstock.

Página 200: Los frutos del muérdago europeo *(Viscum album)*: © Martin Fowler – Shutterstock; Cactus de la especie *Echinopsis chiloensis:* Cortesía de la Corporación Nacional Forestal (CONAF), Parque Nacional La Campana, V región de Valparaíso-Chile.

Página 202: Ciclo de parasitismo de *Orobanche minor* en las raíces de un hospedador: David G. Jara.

Página 206: Una flor gigante de *Rafflesia arnoldii* © Balakir Alla – Shutterstock; La apestosa flor de *Rhizanthes lowii*: © Bonma Suriya – Shutterstock.

Página 217: Aspecto que muestran diferentes cereales domesticados por el hombre: © Bodor Tivadar – Shutterstock.

Página 221: Arilos de una hembra de *Taxus brevifolia*: © Violetta Honkisz – Shutterstock; Flor de la vinca de Madagascar *(Catharanthus roseus)*: © Arts Vector - Shutterstock.

Página 231: Un musgo que ha desarrollado una serie de filamentos con los que liberar esporas (esporofito): © Anes – Shutterstock; Los frondes de un helecho con los soros (puntos oscuros sobre los frondes) repletos de esporas: © Cody Groen – Shutterstock.

Página 236: Las flores masculinas o conos polínicos del enebro *(Juniperus communis)*: David G. Jara; Las flores femeninas o conos ovulíferos: David G. Jara.

Gráficos páginas 33, 35, 82, 93, 97, 110, 119, 153, 185, 227, 232, 240: David G. Jara.

Notas

1. Dame veneno que quiero morir

1. Repetto, 1997.

2. En un estudio que analizaba 218 intoxicaciones en humanos, acaecidas entre los años 1975 y 1992 y debidas al consumo de diferentes estructuras de *Nerium oleander*, tan solo se registraron 16 óbitos. (Langford *et al.*, 1996).

Sin embargo, en otro estudio científico más reciente (recogiendo datos entre los años 1985 y 2008) pero con una muestra muy pequeña (conformada por tan solo 18 casos), se llegaron a registrar hasta 7 decesos. (Bandara *et al.*, 2010.)

3. Bowman *et al.*, 1963.

4. Para indicar la toxicidad de una sustancia se utiliza un parámetro denominado «DL50» (Dosis Letal al 50 %), que hace referencia a la cantidad de una sustancia que es necesaria para matar al 50 % de los individuos que han sido expuestos a ella. En el caso de la cicutina, la DL50 en ratones tratados por vía oral con esta sustancia es de 0,1 gramos de cicutina por cada kilogramo de peso (Bowman *et al.*, 1963).

5. El curare se extrae, por ejemplo, de la planta *Strychnos toxifera.*

6. Pita *et al.*, 2004.

7. Sánchez-Pérez *et al.*, 2008.

8. Ladizinsky, 1999.

9. McMillan *et al.*, 1979.

10. Cantwell, 1996. 11.

11. Recientes investigaciones parecen demostrar que, aunque poco frecuente, el aposematismo vegetal también existe. Una explicación a dicho fenómeno puede encontrarse en el capítulo 2, «La postura de la mimosa».

12. El *umami* es uno de los sabores que percibimos a través del sentido del gusto. Se considera que este sabor se corresponde con el que presenta el glutamato, pero cualquiera que haya probado la salsa de soja, el queso parmesano o el jamón serrano sabrá perfectamente la sensación que genera en nuestro cerebro tal sabor.

2. La postura de la mimosa

1. Eisner, 1981.

2. Los científicos han descubierto que durante el movimiento de la *Mimosa pudica* no solo interviene el proceso de ósmosis, sino que en la membrana celular también aparecen unas proteínas (llamadas «acuaporinas») que incrementan la velocidad a la que se desplaza el agua entre unas células y otras, de modo que el movimiento de las hojas y foliolos de la planta se torna más dinámico. (Fleurat-Lessard *et al.*, 1997.)

3. Los foliolos son cada una de las partes en las que se encuentra dividido el limbo de algunas hojas, como sucede con la hoja de la *Mimosa pudica*, del fresno (*Fraxinus spp.*) o de las acacias (*Acacia spp.*).

4. Raven *et al.*, 1992.

5. Eisner, 1981.

6. Milewski *et al.*, 1991.

7. Gómez *et al.*, 2002.

8. Lev-Yadun, 2003.

9. Halpern *et al.*, 2007.

10. Poss, 1929; Poss y Smith, 1931; Johnson y Hollowell, 1935 (en Levin, 1973).

3. De hormigas, cristales y croquetas de arena

1. Mayer *et al.*, 2014.

2. Janzen, 1966.

3. Rehr *et al.*, 1973 (en Agrawal *et al.*, 1998).

4. Heil *et al.*, 2014.

5. La enzima que escinde la sacarosa en sus moléculas constituyentes de glucosa y fructosa es la β-fructofuranosidasa, también llamada «invertasa» o «sacarasa».

6. Andersson *et al.*, 1998.

7. El ácido oxálico aparece en alimentos que los humanos ingerimos con cierta frecuencia, como las espinacas o la soja, pero lo

hace en tan pequeñas cantidades que el consumo de estos vegetales no resulta peligroso para nosotros.

8. Korth *et al.*, 2006.

9. Nordlander *et al.*, 2009.

10. LoPresti *et al.*, 2016.

11. Behmer *et al.*, 2005.

4. Miénteme... miénteme mucho

1. Gilbert, 1998.

2. Solo un 2 % de las especies pertenecientes al género *Passiflora* han desarrollado la estrategia del ovomimetismo.

3. Williams *et al.*, 1981.

4. Shapiro, 1981.

5. Strauss *et al.*, 2013.

6. McElroy, 2014.

7. Harlan *et al.*, 1982.

8. Barrett, 1998.

9. McElroy, 2014.

10. Cuando un organismo presenta varios juegos completos de los cromosomas que son característicos de su especie, se dice que es poliploide. La poliploidía es un evento relativamente frecuente en las angiospermas, y uno de sus efectos es la producción de plantas y frutos de mayor tamaño, aunque en ocasiones también da lugar a frutos partenocárpicos.

11. Zangerl *et al.*, 1991.

12. Ramos-Ordoñez *et al.*, 2008.

13. La función defensiva de los cristales de oxalato de calcio en las plantas se ha tratado en el capítulo 3, «De hormigas, cristales y croquetas de arena».

5. Cuando las barbas de tu vecino veas cortar...

1. Baldwin *et al.*, 1983.

2. En el capítulo 7, «Recuerdos vegetales», se habla del papel que desempeña el etileno como hormona de senescencia vegetal y maduración de los frutos.

3. Karban *et al.*, 2000.

4. Los científicos observaron un aumento de 10,8 veces en la cantidad de MeJA liberado por los individuos de *Artemisia tridentata* a

los que se les había cortado una hoja o dañado el tallo en referencia a los individuos de esta especie a los que se había mantenido intactos.

5. Blée, 2002.

6. Un dato que conviene resaltar —pues contribuye a trazar los vínculos evolutivos que relacionan a todos los seres de este planeta y los liga con un antepasado común— es el hecho de que las mismas enzimas (las lipooxigenasas) que activan las defensas del vegetal, al producir las oxilipinas a partir de los ácidos grasos de la propia planta, también actúan en los animales. En ese caso, lo hacen transformando el ácido graso araquidónico en unas sustancias (llamadas «leucotrienos») que, liberadas por los glóbulos blancos, median en nuestra respuesta inmunológica, provocando inflamación cuando enfermamos.

7. Kessler *et al.*, 2001.

8. Takabayashi *et al.*, 1996.

9. Dicke *et al.*, 2009.

10. Takabayashi *et al.*, 1996.

6. Gutiérrez, que le ven

1. Darwin, 1880.

2. Darwin, 1880.

3. Sachs, 1887 (en Schäfer *et al.*, 2006).

4. La fototropina 1 está implicada en el fototropismo asociado a una enorme variedad de intensidades lumínicas, mientras que la fototropina 2 solo actúa para intensidades luminosas elevadas.

5. Un nanómetro (nm) equivale a la milmillonésima parte de un metro; o, lo que es lo mismo: en un metro caben mil millones (10^9) de nanómetros.

6. Christie *et al.*, 1999.

7. Garay-Arroyo *et al.*, 2014.

8. Se hace referencia a la longitud de onda correspondiente para el máximo de absorción del fitocromo.

9. Mathews, 2006.

10. Se ha explicado el fundamento fisiológico del fotoperíodo por medio de las petunias, que, como representantes de las plantas de día largo, florecen a principios del verano. Pero también existen plantas de día corto, como la soja (*Glycine max*) o la flor de Pascua (*Euphorbia pulcherrima*); y plantas de día neutro, como el diente de león (*Taraxacum officinale*) o el maíz (*Zea mays*). Las primeras flore-

cen al final del verano y al inicio del otoño, cuando la duración de la noche comienza a alargarse, pero el mecanismo de reconocimiento de las horas de oscuridad es idéntico al que ha sido desarrollado en el texto para las plantas de día largo. En el caso de las plantas de día neutro, el fotoperíodo no desempeña papel alguno en su floración.

11. Franklin, 2008.

12. Smith *et al.*, 1997.

13. Las características de las plantas pertenecientes al género *Cuscuta* se han desarrollado con mayor profundidad en el capítulo 13, «Vegetales con mucha jeta».

14. Benvenuti *et al.*, 2005.

15. En realidad, el número de fotorreceptores puede variar en las diferentes especies vegetales. Lo que sí sabemos es que la *Arabidopsis thaliana,* la planta que se utiliza como referencia en los laboratorios de botánica, presenta trece fotorreceptores distintos.

7. Recuerdos vegetales

1. Walter *et al.*, 2011.

2. También se baraja la posibilidad de que la memoria al estrés de las plantas (no solo a períodos de sequía, sino también a episodios de mucho calor o de excesivas lluvias) se deba a modificaciones epigenéticas en el ADN o a la síntesis y acumulación de factores de transcripción (Walter *et al.*, 2011).

3. En el capítulo 9, «Las plantas inuit», podremos conocer más aspectos interesantes sobre las plantas carnívoras.

4. Chamovitz, 2012.

5. Jaffe, 1980.

6. Los investigadores descubrieron un incremento del 55 % de fosfatidilcolina y una disminución, también del 55 %, de fosfatidiletanolamina en la composición fosfolipídica de las membranas microsomales de las células de los zarcillos que habían recibido un estímulo, en comparación con las células de los zarcillos que no lo habían recibido.

7. Lang, 1965 (en Amasino, 2004).

8. *FLC* son las siglas en inglés de *Flowering Locus C.*

9. Berry *et al.*, 2015.

10. En el caso de algunas variedades de trigo (*Triticum spp.*), se sabe que el proceso de vernalización es similar al que se ha presentado en el libro sobre la *A. thaliana.* La diferencia estriba en que el

gen represor de la floración que es inhibido durante la vernalización es diferente en una y otra planta: en el caso de la *A. thaliana*, se trata del gen *FLC*; en el de la *Triticum spp.*, del VRN2. Esta evidencia parece indicar un proceso de evolución convergente, en el que las plantas de la familia de las crucíferas (a la que pertenece la *A. thaliana*) y de la familia de las poáceas (a la que pertenece la *Triticum spp.*) adoptaron la estrategia de la vernalización de forma independiente cuando algunas especies de estas plantas se propagaron desde las regiones cálidas hasta otras más frías y de veranos más cortos (Amasino, 2004).

11. En realidad, estas proteínas se limitan a metilar las histonas condensando en forma de heterocromatina la región del ADN en la que se localiza el gen *FLC*, con lo que impiden que el gen se exprese.

8. Los colores del otoño

1. Las diferentes alternativas fotosintéticas que pueden implementar las plantas se desarrollan en el capítulo 12, «La energía de la vida».
2. Thomas *et al.*, 1980.
3. Archetti *et al.*, 2008.
4. Smillie *et al.*, 1999.
5. Feild *et al.*, 2001.
6. Karageorgou *et al.*, 2008.
7. Döring *et al.*, 2009.
8. Los investigadores utilizaron el índice G/B, que hace referencia a la relación de fotones captados por el fotorreceptor para el color verde (G) y los fotones captados por el fotorreceptor azul (B). El color rojo presentará, a ojos del insecto, un índice G/B característico que le permitirá diferenciarlo de otros colores (Döring *et al.*, 2009).
9. Lev-Yadun *et al.*, 2009.
10. Se hace referencia a la glaciación de Würm, que comenzó hace 110.000 años y finalizó hará unos 12.500 años.
11. Seymour, 1997.
12. Nabors, 2006.
13. Seymour, 1997.

9. Las plantas inuit

1. Cocking, 2003; Nabors, 2006.
2. Pugnaire *et al.*, 2000.

3. Las micorrizas en las que las hifas del hongo rodean la raíz pero no penetran en ella se denominan «ectomicorrizas»; mientras que aquellas micorrizas en las cuales las hifas se introducen en las células del vegetal se conocen como «endomicorrizas».

4. Marschner *et al.*, 1994.

5. Marschner *et al.*, 1994.

6. Selosse *et al.*, 2009.

7. Las plantas micoheterotróficas suelen ser consideradas organismos parásitos. Su historia se aborda en el capítulo 13, «Vegetales con mucha jeta».

8. Sosa, 1997.

9. Behie *et al.*, 2013.

10. Se ha comprobado que, si la temperatura ambiental oscilara entre los 35 y 40 °C, bastaría con que el insecto tocase uno solo de los pelillos de la *Dionaea muscipula* para que la hoja se cerrase (Brown *et al.*, 1910 [en Volkov *et al.*, 2008]).

11. Masi *et al.*, 2016.

12. Armitage, 2016.

10. Puro *marketing*

1. La polinización llevada a cabo por el viento se denomina «polinización anemófila», mientras que la desarrollada por los insectos se denomina «polinización entomófila».

2. Arditti *et al.*, 2012.

3. Un nanómetro (nm) equivale a la milmillonésima parte de un metro; o, lo que es lo mismo: en un metro caben mil millones (10^9) de nanómetros.

4. No todos los insectos son ciegos al color rojo: algunas mariposas poseen fotorreceptores para este color.

5. Döring *et al.*, 2009. Para mayor información, se aconseja consultar el capítulo 8, «Los colores del otoño».

6. Kevan *et al.*, 1983.

7. Galen *et al.*, 1980.

8. Eltz *et al.*, 2005.

9. Un *lek* es una agrupación de machos que se reúnen para competir y ser elegidos por las hembras de su especie como pareja reproductiva.

10. El labelo es un pétalo modificado que presenta la flor de las orquídeas, de mayor tamaño y poseedor de una forma y color diferentes al resto de los pétalos de la flor.

11. La polinia es una masa de granos de polen que fabrican las anteras de las orquídeas y que, gracias a una sustancia viscosa, se adhiere a la superficie de los polinizadores para transportarla de una flor a otra.

12. Schiestl *et al.*, 1999.

13. Simon *et al.*, 2011.

11. ¡Te quiero!... pero de lejos

1. Howe *et al.*, 1982.

2. Goeden *et al.*, 1968.

3. Un microgramo (µg) equivale a la millonésima parte de un gramo (g). 1 µg = 0.000001 g.

4. Las asociaciones entre un hongo y las raíces de una planta se han tratado en el capítulo 9, «Las plantas inuit».

5. Roccia *et al.*, 2013.

6. Swaine *et al.*, 1977.

7. Hayashi *et al.*, 2009.

8. Saunders, 2015.

9. Handel *et al.*, 1998.

10. Wenny, 2001.

11. Janzen *et al.*, 1982.

12. El endocarpio es la parte del fruto que rodea la semilla.

13. Los gonfoterios eran proboscídeos similares a los elefantes que se extinguieron hace unos 10.000 años.

12. La energía de la vida

1. Exceptuando a unos pocos y extraños seres unicelulares que habitan en lugares inhóspitos y que viven haciendo un uso exclusivo de la energía liberada durante la oxidación de ciertos componentes inorgánicos del suelo.

2. La velocidad de la luz en el vacío (c) es de 300.000 km/s; de modo que, en la ecuación de Einstein, c^2 alcanza un valor de 9.10^{10}. Este enorme valor implica que pequeñas cantidades de materia se transforman en enormes cantidades de energía.

3. Los electrones son, junto con los quarks, las partículas más pequeñas de la materia que se conocen.

4. Nelson *et al.*, 2001.

5. ATP son las siglas de la molécula de adenosín trifosfato, mientras que el NADPH se corresponde con la nicotinamida adenina dinucleótido fosfato.

6. Las plantas presentan dos tipos de clorofila: clorofila *a* y clorofila *b*. La primera es mucho más abundante que la segunda en los cloroplastos de la célula vegetal. Los dos pigmentos son de color verde y absorben longitudes de onda parecidas pero no iguales, por lo que ambos tipos de clorofila se complementan para aumentar la eficacia de la planta en la absorción de la luz (Nelson *et al.*, 2001).

7. Nabors, 2006.

8. De hecho, teniendo en cuenta el escaso tiempo de «vida» que tienen tanto el ATP como el NADPH en el interior celular, lo más probable es que la mayoría de las veces la fase oscura de la fotosíntesis no se desarrolle en la oscuridad, sino a plena luz, ya que esta permite un aporte constante de ambas moléculas a través de la fase luminosa.

9. La fórmula molecular de la glucosa es $C_6H_{12}O_6$.

10. Las siglas RuBisCO hacen referencia a una enzima, la más abundante en nuestro planeta, llamada ribulosa-1,5-bisfosfatocarboxilasa/oxigenasa.

11. La RuBisCO lleva existiendo, al menos, 2.000 millones de años, cuando la concentración de O_2 en la atmósfera terrestre era ridícula, por no decir inexistente (Nabors, 2006).

12. En realidad, la fotosíntesis C_4 es una adaptación de las plantas a cualquier entorno en el que la fotorrespiración se vea incrementada. En el texto se hace referencia a entornos áridos y calurosos en los que, sin duda, la fotorrespiración constituye un problema, pero este proceso también se acentúa en suelos con elevada concentración de sales o, incluso, en afloramientos rocosos. De modo que en estos lugares también proliferarán las plantas que implementan la fotosíntesis C_4 (Sage, 2004).

13. Hatch, 1987.

14. Se denomina «plantas C_4» a aquellos vegetales que implementan la fotosíntesis C_4. Del mismo modo, las «plantas C_3» son aquellas que desarrollan la fotosíntesis clásica o C_3.

15. Sage, 2004.

16. Esta molécula es la PEP carboxilasa que, además de en las plantas con fotosíntesis CAM, también fija el CO_2 en las plantas C_4.

13. Vegetales con mucha jeta

1. Bessey, 1908; Putz *et al.*, 1989.

2. El proceso de polinización de las plantas del género *Ficus* también puede ser implementado por otras avispas, como las de la especie *Courtella wardi* (Wade, 2007).

3. Las agallas son unas estructuras formadas por tejido vegetal con las que algunas plantas tratan de aislar las larvas de insectos, los hongos e incluso las bacterias que las parasitan. Pueden tener formas variadas, pero las más comunes presentan una apariencia esférica. Las podremos observar con frecuencia en los bosques de roble melojo (*Quercus pyrenaica*) y de roble común (*Quercus robur*), principalmente debido a la acción de las avispas de la familia de los cinípedos.

4. Wade, 2007.

5. La partenocarpia ha sido explicada en el capítulo 4, «Miénteme... miénteme mucho».

6. La dehiscencia explosiva ha sido tratada en el capítulo 11, «Te quiero... pero de lejos».

7. Press *et al.*, 2005.

8. Calder, 1983 (en Aukema, 2003).

9. Silva *et al.*, 1996.

10. Kelly, 1990.

11. El mecanismo que permite a las plantas del género *Cuscuta* localizar a sus presas y elegir a la más adecuada entre ellas ha sido explicado en el capítulo 6, «Gutiérrez, que le ven».

12. Musselman, 1980.

13. Zhenxiang *et al.*, 2012.

14. En el capítulo 8, «Los colores del otoño», se ha hablado con mayor profundidad de las plantas endotérmicas.

15. Patiño *et al.*, 2000.

16. Selosse *et al.*, 2009.

17. Mennes *et al.*, 2015.

18. Feild *et al.*, 2005.

19. Endemismo hace referencia a una especie determinada que se desarrolla exclusivamente dentro de un hábitat muy concreto.

14. La utilidad del boniato

1. El trigo domesticado empezó a cultivarse en los territorios que ahora conforman España hace 7.000 años (Feldman, 2001 [en

Shewry, 2009]). En el año 2014 se cultivaron en España más de 2 millones de hectáreas de trigo, y se recolectaron 6,5 millones de toneladas de grano (FAO, 2017).

2. Zohary *et al.*, 1993 (en Empilli *et al.*, 2000).

3. Shewry, 2009.

4. La poliploidía (evento por el cual un organismo presenta tres o más juegos completos de cromosomas) es mucho menos frecuente en el mundo animal que en el vegetal, donde, además, este tipo de acontecimientos suele provocar efectos negativos para su poseedor.

5. Otto, 2007 (en Alcántar-Vázquez, 2014).

6. En 1843, Lawes creó una estación de investigación agrícola (Estación Experimental de Rothamsted) en los campos anexos a la mansión que poseía.

7. Dyke, 1993 (en Shewry, 2009).

8. Dubcovsky *et al.*, 2007.

9. La gluma es la envoltura que rodea las inflorescencias de las espiguillas de muchas gramíneas (como el trigo).

10. Rates, 2001.

11. Teniendo en cuenta que la cantidad de taxol que nos aporta un ejemplar adulto de tejo del Pacífico es muy pequeña y que su extracción implica la muerte del árbol, en la actualidad este quimioterápico es fabricado por la industria farmacéutica mediante un proceso de semisíntesis que no precisa de materia vegetal.

12. Noble, 1990.

13. Snow *et al.*, 2016.

15. Todo tiene un principio

1. Briones *et al.*, 2015.

2. La teoría de la endosimbiosis seriada está actualmente aceptada para explicar el origen del núcleo, las mitocondrias y los cloroplastos, aunque todavía no se ha mostrado útil para explicar el origen de otras estructuras (como el flagelo o el citoesqueleto) de la célula eucariota. La existencia de una doble membrana (correspondiéndose la interna con la membrana de la bacteria fagocitada, y la externa, con la envoltura de la vacuola fagocítica), la presencia de ribosomas 70S característicos de las procariotas y la posesión de su propio material genético en cloroplastos y mitocondrias son pruebas que corroboran el origen endosimbionte de estas estructuras subcelulares.

3. Los análisis paleobiológicos aportan esta fecha como el probable origen de las plantas terrestres, pero datos obtenidos comparando las secuencias genéticas de algas y plantas actuales podrían adelantar el origen de briofitas y plantas vasculares sin semilla hasta hace 700 millones de años.

4. En la actualidad, los parientes vivos más cercanos de las plantas pertenecen a dos órdenes de algas carofíceas (clase *Charophyceae*): *Charales* y *Coleochateales.*

5. La hipótesis que explica el origen de las hojas (entre otras estructuras de la planta) a partir de los telomas se conoce como «teoría telómica».

6. Brown, 1984 (en Masterson, 2007).

7. Volin *et al.*, 2004.

Referencias bibliográficas

1. Dame veneno que quiero morir

Bandara, V.; Weinstein, S. A.; White, J.; Eddleston, M., «A review of natural history, toxinology, diagnosis and clinical management of *Nerium oleander* (common oleander) and *Thevetia peruviana* (yellow oleander) poisoning», en *Toxicon*, n.º 56, pp. 273-281, 2010.

Bowman, W. C.; Sanghvi, E. S., «Pharmacological actions of hemlock (*Conium maculatum*) alkaloids», en *Journal of Pharmacy and Pharmacology*, n.º 15, pp. 1-25, 1963.

Cantwell, M., «A review of important facts about potato glycoalkaloids», en *Perishables Handling Newsletter Issue*, n.º 87, pp. 26-27, 1996.

McMillan, M.; Thompson, J. C., «An Outbreak of Suspected Solanine Poisoning in Schoolboys: examination of criteria of solanine poisoning», en *Quarterly Journal of Medicine*, 48 (190), pp. 227-243, 1979.

Ladizinsky, G., «On the origin of almond», en *Genetic Resources and Crop Evolution*, n.º 46, pp. 143-147, 1999.

Langford, S. D.; Boor, P. J., «Oleander toxicity: an examination of human and animal toxic exposures», en *Toxicology*, n.º 109, pp. 1-13, 1996.

Pita, R.; Anadón, A.; Martínez-Larrañaga, M. R.; «Ricina: una fitotoxina de uso potencial como arma», en *Revista de Toxicología*, 21 (2-3), pp. 51-63, 2004.

REPETTO, M., «*Toxicología fundamental*» (tercera edición), Díaz de Santos, Madrid, 1997.
SÁNCHEZ-PÉREZ, R.; JORGENSEN, K.; OLSEN, C. E.; DICENTA, F.; MOLLER, B. L., «Bitterness in almonds», en *Plant Physiology*, n.º 146, pp. 1040-1052, 2008.

2. LA POSTURA DE LA MIMOSA

EISNER, T., «Leaf folding in a sensitive plant: A defensive thorn-exposure mechanism?», en *Proceedings of the National Academic of Sciences USA*, 78 (1), pp. 402-404, 1981.
FLEURAT-LESSARD, P.; FRANGNE, N.; MAESHIMA, M.; RATAJCZAK, R.; BONNEMAIN, J. L.; MARTINOIA, E., «Increased expression of vacuolar aquaporin and H^+-ATPase related to motor cell function in *Mimosa pudica* L.», en *Plant Physiology*, n.º 114, pp. 827-834, 1997.
GÓMEZ, J. M.; ZAMORA, R., «Thorns as induced mechanical defense in a long-lived shrub (*Hormathophylla spinosa*, Cruciferae)», en *Ecology*, 83 (4), pp. 885-890, 2002.
HALPERN, M.; RAATS, D.; LEV-YADUN, S., «Plant biological warfare: thorns inject pathogenic bacteria into herbivores», en *Environmental Microbiology*, 9 (3), pp. 584-592, 2007.
LEV-YADUN, S., «Weapon (thorn) automimicry and mimicry of aposematic colorful thorns in plants», en *Journal of Theoretical Biology*, n.º 224, pp. 183-188, 2003.
LEVIN, D. A., «The role of trichomes in plant defense», en *The Quarterly Review of Biology*, 48 (1), pp. 3-15, 1973.
MILEWSKI, A. V.; YOUNG, T. P.; MADDEN, D., «Thorns as induced defenses: experimental evidence», en *Oecologia*, n.º 86, pp. 70-75, 1991.
RAVEN, P. H.; EVERT, R. F.; EICHHORN, S. E., *Biología de las plantas*, Reverte, Barcelona, 1992.

3. DE HORMIGAS, CRISTALES Y CROQUETAS DE ARENA

AGRAWAL, A. A.; RUTTER, M. T., «Dynamic anti-herbivore defense in ant-plants: the role of induced responses», en *OIKOS*, n.º 83, pp. 227-236, 1998.

Andersson, S.G.E., Zomorodipour, A., Andersson, J.O., Sicheritz-Pontén, T., Alsmark, C. M.; Podowski, R. M., *et al.*, «The genome sequence of *Rickettsia prowazekii* and the origin of mitochondria», en *Nature*, n.º 396, pp. 133-140, 1998.

Behmer, S. T.; Lloyd, C. M.; Raubenheimer, D.; Stewart-Clark, J.; Knight, J.; Leighton, R. S., *et al.*, «Metal hyperaccumulation in plants: mechanisms of defence against insect herbivores», en *Functional Ecology*, n.º 19, pp. 55-66, 2005.

Heil, M.; Barajas-Barron, A.; Orona-Tamayo, D.; Wielsch, N.; Svatos, A., «Partner manipulation stabilises a horizontally transmitted mutualism», en *Ecology Letters*, n.º 17, pp. 185-192, 2014.

Janzen, D. H., «Coevolution of mutualism between ants and acacias in Central America», en *International Journal of Organic Evolution*, 20 (3), pp. 249-275, 1966.

Korth, K. L.; Doege, S. J.; Park, S. H.; Goggin, F. L.; Wang, Q.; Gomez, S. K., *et al.*, «*Medicago truncatula* mutants demonstrate the role of plant calcium oxalate crystals as an effective defense against chewing insects», en *Plant Physiology*, n.º 141, pp. 188-195, 2006.

LoPresti, E. F.; Karban, R., «Chewing sandpaper: grit, plant apparency, and plant defense in sand-entrapping plants», en *Ecology*, 97 (4), pp. 826-833, 2016.

Mayer, V. E.; Frederickson, M. E.; McKey, D.; Blatrix, R., «Current issues in the evolutionary ecology of ant-plant symbioses», en *New Phytologist*, n.º 202, pp. 749-764, 2014.

Nordlander, G.; Nordenhem, H.; Hellqvist, C., «A flexible sand coating (Conniflex) for the protection of conifer seedlings against damage by the pine weevil *Hylobius abietis*», en *Agricultural and Forest Entomology*, n.º 11, pp. 91-100, 2009.

4. Miénteme... miénteme mucho

Barrett, S. C. H., «Mimetismo vegetal», en *Investigación y Ciencia*, Temas 14, pp. 44-51, 1998.

Gilbert, L. E., «Coevolución de mariposas y enredaderas», en *Investigación y Ciencia*, n.º 73, pp. 64-72, 1998.

Harlan, R. J., en W. Holzner y M. Numata, coords., *Biology and ecology of weeds*, Springer Netherlands, 1982.

McElroy, J. S., «Vavilovian Mimicry: Nikolai Vavilov and his little-known impact on weed science», en *Weed Science,* n.º 62, pp. 207-216, 2014.
Ramos-Ordoñez, M. F.; Márquez-Guzmán, J.; Arizmendi, M. C., «Parthenocarpy and seed predation by insects in *Bursera morelensis*», en *Annals of Botany,* 102 (5), pp. 713-722, 2008.
Shapiro, A. M., «Egg-mimics of *Streptanthus* (Cruciferae) deter oviposition by *Pieris sisymbrii* (Lepidoptera: Pieridae)», en *Oecologia,* n.º 48, pp. 142-143, 1981.
Strauss, S. Y.; Cacho, N. I., «Nowhere to run, nowhere to hide: the importance of enemies and apparency in adaptation to harsh soil environments», en *The American Naturalist,* 182 (1), pp. 1-14, 2013.
Williams, K. S.; Gilbert, L. E., «Insects as selective agents on plant vegetative morphology: egg mimicry egg laying by butterflies», en *Science,* n.º 212, pp. 467-469, 1981.
Zangerl, A. R.; Berenbaum, M. R.; Nitao, J. K., «Parthenocarpic fruits in wild parsnip: decoy defence against a specialist herbivore», en *Evolutionary Ecology,* n.º 5, pp. 136-145, 1991.

5. Cuando las barbas de tu vecino veas cortar...

Blée, E., «Impact of phyto-oxylipins in plant defense», en *Trends in Plant Science,* n.º 7, pp. 315-321, 2002.
Baldwin, I. T.; Schultz, J. C., «Rapid changes in tree leaf chemistry induced by damage: evidence for communication between plants», en *Science,* n.º 221, pp. 277-279, 1983.
Dicke, M.; van Loon, J. J. A.; Soler, R., «Chemical complexity of volatiles from plants induced by multiple attack», en *Nature Chemical Biology,* n.º 5, pp. 317-324, 2009.
Karban, R.; Baldwin, I. T.; Baxter, K. J.; Laue, G.; Felton, G. W., «Communication between plants: induced resistance in wild tobacco plants following clipping of neighboring sagebrush», en *Oecologia,* n.º 125, pp. 66-71, 2000.
Kessler, A.; Baldwin, I. T., «Defensive function of herbivore-induced plant volatile emissions in nature», en *Science,* n.º 291, pp. 2141-2144, 2001.

Takabayashi, J.; Dicke, M., «Plant-carnivore mutualism through herbivore-induced carnivore attractants», en *Trends in Plant Science*, vol. 1 (4), pp. 109-113, 1996.

6. Gutiérrez, que le ven

Christie, J. M.; Salomon, M.; Nozue, K.; Wada, M.; Briggs, W. R., «LOV (light, oxygen, or voltage) domains of the blue-light photoreceptor phototropin (nph1): binding sites for the chromophore flavin mononucleotide», en *Proceedings of the National Academy of Sciences*, n.º 96, pp. 8779-8783, 1999.

Benvenuti, S.; Dinelli, G.; Bonetti, A.; Catizone, P., «Germination ecology, emergence and host detection in *Cuscuta campestris*», en *Weed Research*, n.º 45, pp. 270-278, 2005.

Darwin, C. R., «Sensitiveness of plants to light: its transmitted effects», en *The power of movement in plants*, John Murray, Londres, 1880.

Franklin, K. A., «Shade avoidance», en *New Phytologist*, n.º 179, pp. 930-944, 2008.

Garay-Arroyo, A.; Sánchez, M. P.; García-Ponce, B.; Álvarez-Buylla, E. R.; Gutiérrez, C., «La homeostasis de las auxinas y su importancia en el desarrollo de *Arabidopsis thaliana*», en *Revista de Educación Bioquímica*, 33 (1), pp. 13-22, 2014.

Mathews, S., «Phytochrome-mediated development in land plants: red light sensing evolves to meet the challenges of changing light environments», en *Molecular Ecology*, n.º 15, pp. 3483-3503, 2006.

Schäfer, E.; Nagy, F., eds., *Function and signal transduction mechanisms*, Springer, Dordrecht, 2006.

Smith, H.; Whitelam, G. C., «The shade avoidance syndrome: multiple responses mediated by multiple phytochromes», en *Plant, Cell and Environment*, n.º 20, pp. 840-844, 1997.

7. Recuerdos vegetales

Amasino, R., «Vernalization, competence, and the epigenetic memory of winter», en *The Plant Cell*, n.º 16, pp. 2553-2559, 2004.

Berry, S.; Dean, C., «Environmental perception and epigenetic memory: mechanistic insight through FLC», en *The Plant Journal*, n.º 83, pp. 133-148, 2015.
Chamovitz, D., *What a plant knows. A field guide to the senses of your garden*, Oneworld Publications, Oxford, 2012.
Jaffe, M. J., «On the mechanism of contact coiling of tendrils», en *Plant growth substances*, pp. 481-495, Springer-Verlag, Nueva York, 1980.
Walter, J.; Nagy, L.; Hein, R.; Rascher, U.; Beierkuhnlein, C.; Willner, E., *et al.*, «Do plants remember drought? Hints towards a drought-memory in grasses», en *Environmental and Experimental Botany*, n.º 71, pp. 34-40, 2011.

8. Los colores del otoño

Archetti, M.; Döring, T. F.; Hagen, S. B.; Hughes, N. M.; Leather, S. R.; Lee, D. W., *et al.*, «Unravelling the evolution of autumn colours: an interdisciplinary approach», en *Trends in Ecology and Evolution*, 24 (3), pp. 166-173, 2008.
Döring, T. F.; Archetti, M.; Hardie, J., «Autumn leaves seen through herbivore eyes», en *Proceedings of the Royal Society B*, n.º 276, pp. 121-127, 2009.
Feild, T. S.; Lee, D. W., «Why leaves turn red in autumn. The role of anthocyanins in senescing leaves of Red-Osier Dogwood», en *Plant Physiology*, 127 (2), pp. 566-574, 2001.
Karageorgou, P.; Buschmann, C.; Manetas, Y., «Red leaf color as a warning signal against insect herbivory: honest or mimetic?», en *Flora*, n.º 203, pp. 648-652, 2008.
Lev-Yadun, S.; Holopainen, J., «Why red-dominated autumn leaves in America and yellow-dominated autumn leaves in Northern Europe?», en *New Phytologist*, n.º 183, pp. 506-512, 2009.
Nabors, N. W., *Introducción a la botánica*, Pearson Educación, Madrid, 2006.
Seymour, R. S., «Plantas endotérmicas», en *Investigación y Ciencia*, n.º 248, pp. 24-29, 1997.
Smillie, R. M.; Hetherington, S. E., «Photoabatement by anthocyanin shields photosynthetic systems from light stress», en *Photosynthetica*, 36 (3), pp. 451-463, 1999.

Thomas, H.; Stoddart, J. L., «Leaf senescence», en *Annual Review of Plant Physiology*, n.º 31, pp. 83-11, 1980.

9. Las plantas inuit

Armitage, D. W., «Bacteria facilitate prey retention by the pitcher plant *Darlingtonia californica*», en *Biology Letters*, 12: 20160577, 2016.
Behie, S. W.; Bidochka, M. J., «Insects as a nitrogen source of plants», en *Insects*, 4 (3), pp. 414-424, 2013.
Cocking, E. C., «Endophytic colonization of plant roots by nitrogen-fixing bacteria», en *Plant and Soil*, n.º 252, pp. 169-175, 2003.
Marschner, H.; Dell, B., «Nutrient uptake in mycorrhizal symbiosis», en *Plant and Soil*, n.º 159, pp. 89-102, 1994.
Masi, E.; Ciszak, M.; Colzi. I.; Adamec, L.; Mancuso, S., «Resting electrical network activity in traps of the aquatic carnivorous plants of the genera *Aldrovanda* and *Utricularia*», en *Scientific Reports*, 6: 24989, 2016.
Nabors, N. W., *Introducción a la botánica*, Pearson Educación, Madrid, 2006.
Pugnaire, F. I.; Moro, M. J., «Interacciones positivas entre plantas», en *Investigación y Ciencia*, n.º 287, pp. 80-83, 2000.
Selosse, M. A.; Roy, M., «Green plants that feed on fungi: facts and questions about mixotrophy», en *Trends in Plant Science*, 14 (2), pp. 64-70, 2009.
Sosa, C. A., «Interacciones entre hormigas y plantas», en *CIENCIAHOY*, 7 (40), 1997. Recuperado de: <http://ciencia hoy.org.ar/1997/08/interacciones-entre-hormigas-y-plan tas/>.
Volkov, A. G.; Carrell, H.; Adesina, T.; Markin, V. S.; Jovanov, E., «Plant electrical memory», en *Plant Signaling and Behavior*, 3 (7), pp. 490-492, 2008.

10. Puro *marketing*

Arditti, J.; Elliott, J.; Kitching, I. J.; Wasserthal, L. T., «“Good Heavens what insect can suck it” – Charles Darwin, *Angraecum sesquipedale* and *Xanthopan morganii praedicta*», en *Botanical Journal of the Linnean Society*, n.º 169, pp. 403-432, 2012.

DÖRING, T. F.; ARCHETTI, M.; HARDIE, J., «Autumn leaves seen through herbivore eyes», en *Proceedings of the Royal Society B*, n.° 276, pp. 121-127, 2009.

ELTZ, T.; SAGER, A.; LUNAU, K., «Juggling with volatiles: exposure of perfumes by displaying male orchid bees», en *Journal of Comparative Physiology A*, n.° 191, pp. 575-581, 2005.

GALEN, C.; KEVAN, P. G., «Scent and color, floral polymorphisms and pollination biology in *Polemonium viscosum* Nutt», en *The American Midland Naturalist*, 104 (2), pp. 281-289, 1980.

KEVAN, P. G.; BAKER, H. G., «Insects as flower visitors and pollinators», en *Annual Review of Entomology*, n.° 28, pp. 407-453, 1983.

SCHIESTL, F. P.; AYASSE, M.; PAULUS, H. F.; LÖFSTEDT, C.; HANSSON, B. S.; IBARRA, F., *et al.*, «Orchid pollination by sexual swindle», en *Nature*, n.° 339, pp. 421-422, 1999.

SIMON, R.; HOLDERIED, M. W., KOCH, C. U.; VON HELVERSEN, O., «Floral acoustics: conspicuous echoes of a dish-shaped leaf attract bat pollinators», en *Science*, n.° 333, pp. 631-633, 2011.

11. ¡TE QUIERO!... PERO DE LEJOS

GOEDEN, R. D.; RICKER, D. W., «The phytophagous insect fauna of Russian Thistle (*Salsola kali* var. *tenuifolia*) in Southern California», en *Annals of the Entomological Society of America*, 61 (1), pp. 67-72, 1968.

HANDEL, S. N.; BEATTIE, A. J., «Semillas dispersadas por hormigas. Los recursos de las plantas», en *Investigación y Ciencia*, Temas 14, pp. 64-71, 1998.

HAYASHI, M.; FEILICH, K. L.; ELLERBY, D. J., «The mechanics of explosive seed dispersal in orange jewelweed (*Impatiens capensis*)», en *Journal of Experimental Botany*, 60 (7), pp. 2045-2053, 2009.

HOWE, H. F.; SMALLWOOD, J., «Ecology of seed dispersal», en *Annual Review of Ecology and Systematics*, n.° 13, pp. 201-228, 1982.

JANZEN, D. H.; MARTIN, P. S., «Neotropical Anachronisms: the fruits the Gomphotheres ate», en *Science*, n.° 215, pp. 19-27, 1982.

ROCCIA, B.; PREIDIKMAN, S.; ESTRADA, C.; MASSA, J., «Estudio del "vuelo" de semillas autorrotantes», en *Mecánica Computacional*, n.° 32, pp. 1481-1500, 2013.

SAUNDERS, B. E., «A biomimetic study of natural attachment mechanisms – *Arctium minus* part 1», en *Robotics and Biomimetics*, 2 (4), pp. 1-10, 2015.

SWAINE, M. D.; BEER, T., «Explosive seed dispersal in *Hura crepitans* L. (Euphorbiaceae)», en *New Phytologist*, n.º 78, pp. 695-708, 1977.

WENNY, D. G., «Advantages of seed dispersal: a re-evaluation of direct dispersal», en *Evolutionary Ecology Research*, n.º 3, pp. 51-74, 2001.

12. La energía de la vida

NABORS, N. W., *Introducción a la botánica*, Pearson Educación, Madrid, 2006.

NELSON, D. L.; COX, M. M., *Lehninger. Principios de Bioquímica*, Ediciones Omega, Barcelona, 2001.

SAGE, R. F., «The evolution of C_4 photosynthesis», en *New Phytologist*, n.º 161, pp. 341-370, 2004.

HATCH, M. D., «C_4 photosynthesis: a unique blend of modified biochemistry, anatomy and ultrastructure», en *Biochimica et Biophysica Acta*, n.º 895, pp. 81-106, 1987.

13. Vegetales con mucha jeta

AUKEMA, J. E., «Vectors, viscin, and Viscaceae: mistletoes as parasites, mutualists, and resources», en *Frontiers in Ecology and the Environment*, 1 (4), pp. 212-219, 2003.

BESSEY, E. A., «The Florida strangling figs», en *Missouri Botanical Garden Annual Report*, n.º 19, pp. 25-33, 1908.

FEILD, T. S.; BRODRIBB, T. J., «A unique mode of parasitism in the conifer coral tree *Parasitaxus ustus* (Podocarpaceae)», en *Plant, Cell and Environment*, n.º 28, pp. 1316-1325, 2005.

KELLY C. K., «Plant foraging: a marginal value model and coiling response in *Cuscuta subinclusa*», en *Ecology*, n.º 71, pp. 1916–1925, 1990.

MENNES, C. B.; MOERLAND, M. S.; RATH, M.; SMETS, E. F.; MERCKX, V. S. F. T., «Evolution of mycoheterotrophy in Polygalaceae: The case of *Epirixanthes*», en *American Journal of Botany*, 102 (4), pp. 598-608, 2015.

Musselman, L. J., «The biology of *Striga, Orobanche,* and other root-parasitic weeds», en *Annual Review of Phytopathology*, n.º 18, pp. 463-489, 1980.

Patiño, S.; Grace, J.; Bänziger, H., «Endothermy by flowers of *Rhizanthes lowii* (Rafflesiaceae)», en *Oecologia*, n.º 124, pp. 149-155, 2000.

Press, M. C.; Phoenix, G. K., «Impacts of parasitic plants on natural communities», en *New Phytologist*, n. 166, pp. 737-751, 2005.

Putz, F. E.; Holbrook, N. M., «Strangler fig rooting habits and nutrient relations in the Llanos of Venezuela», en *American Journal of Botany*, 76 (6), pp. 781-788, 1989.

Selosse, M. A.; Roy, M., «Green plants that feed on fungi: facts and questions about mixotrophy», en *Trends in Plant Science*, 14 (2), pp. 64-70, 2009.

Silva, A.; Martínez del Río, C., «Effects of the mistletoe *Tristerix aphyllus* (Loranthaceae) of reproduction of its cactus host *Echinopsis chiloensis*», en *Oikos*, n.º 75, pp. 437-442, 1996.

Wade, M. J., «The co-evolutionary genetics of ecological communities», en *Nature reviews. Genetics*, 8 (3), pp. 185-195, 2007.

Zhenxiang, X.; Bradley, R. K.; Wurdack, K. J.; Wong, K. M.; Sugumaran, M.; Bomblies, K., *et al.*, «Horizontal transfer of expressed genes in a parasitic flowering plant», en *Genomics*, n.º 13, pp. 227-234, 2012.

14. La utilidad del boniato

Alcántar-Vázquez, J. P., «La poliploidía y su importancia evolutiva», en *Temas de Ciencia y Tecnología*, 18 (54), pp. 17-29, 2014.

Dubcovsky, J.; Dvorak, J., «Genome plasticity a key factor in the success of polyploid wheat under domestication», en *Science*, n.º 316, pp. 1862-1866, 2007.

Empilli, S.; Castagna, R.; Brandolini, A., «Morpho-agronomic variability of the diploid wheat *Triticum monococcum* L.», en *Plant Genetic Resources Newsletter*, n.º 124, pp. 36-40, 2000.

FAO, Food and Agriculture Organization of the United Nations, 2017. Recuperado de: <http://www.fao.org/faostat/en/# home>.

Noble, R. L., «The discovery of the vinca alkaloids-chemotherapeutic agents against cancer», en *Biochemistry and Cell Biology*, n.º 68, pp. 1344-1351, 1990.

Rates, S. M. K., «Plants as source of drugs», en *Toxicon*, n.º 39, pp. 603-613, 2001.

Shewry, P. R., «Wheat», en *Journal of Experimental Botany*, 60 (6), pp. 1537-1553, 2009.

Snow, J. W.; Kao, L. W.; Furbee, R. B., «Antitubulin agents: colchicine, vinca, alkaloids, and podophyllin», en *Critical Care Toxicology*, pp. 1-23, 2016.

15. Todo tiene un principio

Briones, C.; Fernández-Soto, A.; Bermúdez de Castro, J. M., *Orígenes. El universo, la vida, los humanos*, Crítica, Barcelona, 2015.

Masterson, J., *Indian River Lagoon Species Inventory: Lygodium microphyllum*, Smithsonian Marine Station, Fort Pierce, 2007. Recuperado de: <https://www.sms.si.edu/IRLSpec/Lygodium_microphyllum.htm>.

Volin, J. C.; Lott, M. S.; Muss, J. D.; Owen, D., «Predicting rapid invasion of the Florida Everglades by Old World Climbing Fern (*Lygodium microphyllum*)», en *Diversity and Distributions*, n.º 10, pp. 439-446, 2004.